职业教育 • 通用课程教材

形象塑造与形体训练

单　侠　主　编

郭　媛　金春球　丛佳佳　副主编

罗　峰　主　审

人民交通出版社股份有限公司

北　京

内 容 提 要

本教材为职业教育通用课程教材。全书主要内容包括形象塑造篇和形体训练篇,共10个教学模块,分别为形象塑造的认知、仪容塑造、发型塑造、服饰塑造、面试形象、形体训练的认知、基础训练、瑜伽训练、减脂增肌训练和芭蕾形体训练与表情仪态训练。

本教材编写以提升综合素养及树立职业形象为出发点,充分满足行业人员应具备的形象塑造、形体素质等专业要求,填补行业整体形象设计标准化、规范化、专业化的空白。在课程设计方面,将职业形象与形体训练有效结合,并将最新形象设计理念及多样的训练技巧融入其中,从而使自身形象及形体仪态更加符合所从事工作的需要。

本教材可作为职业教育多个专业的课程教材,也可作为相关职业人员的培训教材。

本教材配套PPT课件等丰富教学资源,任课教师可加入"职教铁路教学研讨群(QQ群:211163250)"获取。

图书在版编目(CIP)数据

形象塑造与形体训练/单侠主编.—北京:人民交通出版社股份有限公司,2024.1

ISBN 978-7-114-19028-5

Ⅰ.①形… Ⅱ.①单… Ⅲ.①个人—形象—设计—教材 ②形体—健身运动—教材 Ⅳ.①B834.3 ②G831.3

中国国家版本馆CIP数据核字(2023)第199293号

职业教育·通用课程教材

Xingxiang Suzao yu Xingti Xunlian

书　　名:形象塑造与形体训练
著 作 者:单　侠
责任编辑:杨　思
责任校对:孙国靖　刘　璇
责任印制:张　凯
出版发行:人民交通出版社股份有限公司
地　　址:(100011)北京市朝阳区安定门外外馆斜街3号
网　　址:http://www.ccpcl.com.cn
销售电话:(010)59757973
总 经 销:人民交通出版社股份有限公司发行部
经　　销:各地新华书店
印　　刷:北京市密东印刷有限公司
开　　本:880×1230　1/16
印　　张:11.75
字　　数:273千
版　　次:2024年1月　第1版
印　　次:2024年1月　第1次印刷
书　　号:ISBN 978-7-114-19028-5
定　　价:49.00元

前言 PREFACE

❖ 教材定位

形象塑造与形体训练是一门专业基础课程，服务于职业教育多个专业的发展。本教材基于职业形象塑造与形体训练的密切关系，将形象塑造和形体训练的职业理念、目标、内容、教学方法、教学组织形式及考核内容、方法等进行融合探索。教材根据课程目标的定位，通过对色彩、着装、发式、化妆及形体语言（包括仪态、言谈、举止、礼仪等）进行科学规范的阐述，有助于学生了解和掌握塑造良好个人职业形象的诸多诀窍，学会妆容与服饰的恰当搭配，做到举止优雅、言谈得体。同时，掌握职业形象规范与标准，在举手投足间更具魅力，塑造自然大方的职业形象，形成良好的思想品德、道德修养，全面完善自我，做到内在美与外在美有机地统一，以便在激烈的职业竞争中立于不败之地。

❖ 教材特色

一、教学理念先进，依托标准专业化育人

教材从整体职业形象塑造的角度来寻找通识课程与专业课程的契合点，使形象塑造、形体训练与专业课程有机融合，同时融入课程思政内容，既对培养学生职业形象和职业素养有着重要意义，也赋予了形体训练课程新的内涵。教材对课程的框架结构、训练内容和可视性进行了创新，充分利用混合式教学方法，强调每一章节精简理论、突出应用，锻炼实际操作能力，力求各部分知识紧密结合专业需求。

二、教学内容丰富，注重实用性和趣味性

教材分为形象塑造篇和形体训练篇，共 10 个教学模块，由内在到外在，由形象到形体，逐步有层次地提升学生的职业形象。教材内容丰富，图文并茂，可读可看，力求激发学生学习兴趣。

三、教学方式新颖，形成多样化课程模式

教材在内容呈现上，选用目前最新的形象塑造和形体训练步骤图片，通过二维码的形式呈现教学视频资源，形成数字化教学资源，使教材更具可读性、可视性和可操作性，学生扫描教材中的二维码即可获取相关知识。纸质教材与数字化教学资源有机融合，支持线上线下混合式教学，适合翻转课堂、混合式教学等新型教学形式。

四、“岗课赛证”融通

笔者将岗位技能要求、职业技能竞赛、职业技能等级证书标准有关内容融入教材，补充了“1+X”人物化妆造型职业技能等级证书考核大纲中职业素养考核内容、世界技能大赛美容项目中美容师职业素养的相关考核内容等。

❖ 教学建议

突出现场教学和任务模拟。在教学过程中，教师示范并组织学生分组练习，促进师生互动，学生提问与教师解答、指导有机结合，创设模块训练任务，加大实践操作的力度，通过大量直观式、互动式、参与式的教学活动，在“教、学、练、评、改”的过程中，增强感性认识，提高形象气质和身体素质。在活动挑战中，鼓励、督促学生自主练习，达到成效，通过知识链接拓展知识面，为其今后的工作和生活打好基础。

建议该课程总学时72学时，参考下表。

篇	模块	学时
形象塑造篇	模块1　形象塑造的认知	2
	模块2　仪容塑造	10
	模块3　发型塑造	6
	模块4　服饰塑造	6
	模块5　面试形象	6
形体训练篇	模块6　形体训练的认知	4
	模块7　基础训练	8
	模块8　瑜伽训练	10
	模块9　减脂增肌训练	10
	模块10　芭蕾形体训练与表情仪态训练	10
合计		72

❖ 编写组织

为拓展校企合作，本教材吸纳行业龙头企业深度参与教材开发、教学设计和教学实施。教材由北京市外事学校、杭州亚运会颁奖礼仪培训导师单侠担任主编，由中国电影电视技术学会高级化妆师郭媛、杭州市旅游职业学校金春球、威海市文明礼仪协会丛佳佳担任副主编，共同负责全书的统稿和修改。本教材具体编写分工如下：单侠负责模块6至模块9共18个单元的编写，郭媛负责模块2、模块3、模块5共12个单元的编写，丛佳佳负责模块4、模块10共7个单元的编写，金春球负责模块1共2个单元的编写。另外，书中照片和视频资料由房雅蕾、孙乃光完成拍摄，在此表示感谢。本教材由浙江旅游职业学院罗峰教授主审。

❖ 致谢

教材中参考了行业前辈们的研究成果，在此谨向他们表示衷心的感谢。由于编者水平有限，教材难免有不足之处，恳请广大读者批评指正。

编　者
2023年5月

目录
CONTENTS

致同学们

亲爱的同学们：

非常荣幸与你们在形象塑造与形体训练课程邂逅。在这里，我们将探索如何通过形象塑造和形体训练来提升个人的职业形象和职业素养。该课程实用性和互动性较强，在重实践的基础上突出个性化，能够帮助你发掘自己的特点和优势，从而打造属于自己的独特形象。我们将共同探讨各种形象塑造和形体训练的技巧，并通过练习和互动来帮助你将这些技巧应用到实际生活中。此外，我们还将邀请一些成功的职业人士来分享他们的经验和技巧，以便更好地帮助你实现职业目标。

在此，我想给大家一些学习建议。首先，做好课前预习。明确学习目标，通过完成课前任务练习、自我评估、分析图片、视频学习、扫码练习等多种形式，利用翻转课堂或自主学习，提出困惑与问题，提高学习兴趣。其次，参与课中探究。通过分析、展示、点评完成混合式教学，实时反馈，主动思考，借助讨论分享经验，根据特点分析任务要求，完成预设情境任务。同学之间保持积极互动和合作，共同创造一个良好的学习氛围和树立团队合作精神。同学们要尽可能多地参与课堂互动和练习，这将有助于更好地掌握所学知识，并将其应用到实际中。最后，巩固课后知识。将课程内容与生活、社会工作联系在一起，提升知识与经验等，更好地适应社会发展和生活需要。

同学们，形象塑造与形体训练是一个持之以恒的过程，只有不断地学习实践，才能不断提升自己的能力和职业形象。希望大家秉持“健康第一”“自尊自信”“理性平和”“乐观向上”的品德，重视内在修养。容颜易老，风格永存，当你发现和体验生活的美，不难发现，那些能够战胜时间永远光彩照人的美更多来自善良、自信、智慧和永不放弃的品质。

祝愿你们在课程学习中有所收获，未来有所成就！

敬礼！

永远支持你们的老师

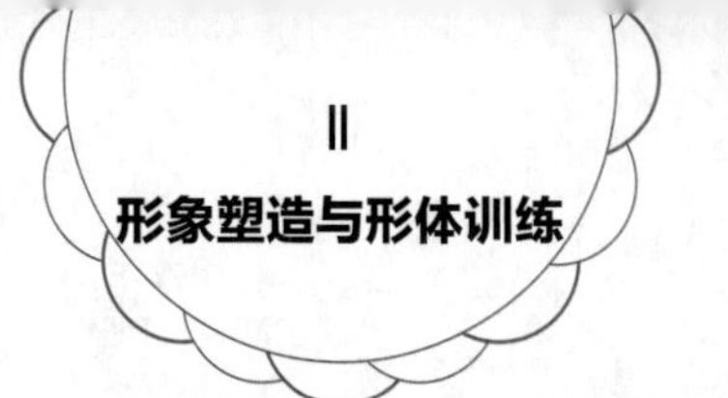

数字资源索引

资源使用说明：

(1)扫描封面二维码，注意每个码只可激活一次。

(2)长按弹出界面的二维码关注“交通教育出版”微信公众号并自动绑定资源。

(3)公众号弹出“购买成功”通知，点击“查看详情”，进入后即可查看资源。

(4)也可进入“交通教育出版”微信公众号，点击下方菜单“用户服务-图书增值”，选择已绑定的教材进行观看。

序号	资源名称	序号	资源名称	序号	资源名称
1	化妆步骤	27	高马尾	53	腰部训练
2	女士职业妆化妆步骤	28	低马尾	54	膝关节训练
3	女士职业妆粉底	29	半扎马尾	55	腿部训练
4	女士职业妆遮瑕	30	编发技巧	56	脚踝训练
5	女士职业妆眼影	31	两股拧绳编发	57	冥想动作
6	女士职业妆眼线	32	三加一编发	58	瑜伽热身训练动作1
7	女士职业妆睫毛	33	三加二编发	59	瑜伽热身训练动作2
8	女士职业妆眉形	34	电夹板使用技巧	60	瑜伽热身训练动作3
9	女士职业妆腮红	35	波浪发	61	瑜伽放松训练
10	女士职业妆唇部	36	直发	62	胸部肌肉训练
11	男士职业妆化妆步骤	37	电卷棒的使用技巧	63	仰卧推举
12	男士职业妆粉底	38	内扣	64	仰卧飞鸟
13	男士职业妆遮瑕	39	外翻	65	站立侧平举
14	男士职业妆眉毛	40	旋转缠绕	66	大腿前侧训练动作1
15	男士职业妆唇部	41	丝巾	67	大腿前侧训练动作2
16	排骨梳使用技巧	42	丸子头技巧	68	大腿后侧训练动作1
17	圆筒梳使用技巧	43	丸子头固定	69	大腿后侧训练动作2
18	梳理头发	44	丸子头扎发	70	大腿内侧训练动作1
19	分层分区	45	底妆	71	大腿内侧训练动作2
20	空气感	46	眉形	72	大腿外侧训练动作1
21	盘发步骤	47	眼妆	73	大腿外侧训练动作2
22	整体整理	48	腮红	74	小腿训练动作1
23	顶部梳理	49	唇彩	75	小腿训练动作2
24	盘发髻	50	颈部训练	76	伞操
25	扎发	51	肩部训练		
26	扎发技巧	52	脊柱训练		

形象塑造篇

模块1
形象塑造的认知

欣欣同学是一名刚刚考入××铁路学院铁路客运服务专业的新生，看到校园里的学长和学姐们一个个形象专业、气质良好，心中充满了期待和向往。××铁路学院是一所培养航空服务专业、高铁服务和城市轨道交通专业人才的学校，这里开设的专业课丰富多彩，其中形象塑造和形体训练就是一门培养学生塑造良好职业形象的专业课程。让我们一起开始学习吧！

通过形象塑造篇的学习和实践，结合个体特征、职业身份和社会角色不断进行自我认知、自我判断和自我实践。形象美来自充沛的精力和蓬勃的生机。围绕文化自信，关注对美的获得和理解，有利于学生培养良好的审美取向，激发审美情趣，在美的实践中树立新时代的价值观和审美观，从而促进全面发展，实现人生价值。

单元1.1 形象塑造概述

学习目标

1. 了解形象和形象塑造概念。
2. 熟知形象塑造原则。
3. 理解形象塑造的意义与作用。

学习重难点

重点：了解形象塑造的相关概念和基本原则。

难点：理解塑造良好形象的重要性，增强实践应用意识。

单元知识

一、形象与形象塑造

在日新月异的今天，"形象"与"品位""个性"等字眼联系在一起，越来越多地受到人们的关注，并被赋予了更多的内涵。个人形象如同名片，你树立什么样的形象，就决定了别人会以什么样的态度对待你。

那什么是形象呢？《现代汉语词典》（第7版）对形象的解释："能引起人的思想或感情活动的具体形状或姿态。"形象（image），属于艺术范畴，泛指占有一定空间、具有美感的形象或者是使人通过视觉来欣赏的艺术。形象有广义和狭义之分。广义上的形象泛指人和物，包括社会的、自然的环境与景物；狭义上的形象专指一个人的容貌、形体、行为、气质、品质所构成的整体特征。本教材主要讨论狭义范畴的形象。

形象既能体现一个人的审美情趣、世界观、人生观、价值观，也能体现个人独特的风格。形象是社会公众对个体的整体印象和评价，是对某个人或事物的记忆、印象、评价、态度的总和，能使人对某个人或事物产生特殊感情的认知。

塑造是用一定的艺术手法或语言文字来刻画人物形象，是设计师根据要求，有目的、有计划地进行技术性的创作活动。

形象塑造（image building）又称形象设计（image design），是研究人的外观与造型的视觉传达设计，通过运用视觉元素塑造人的外观，并通过视觉冲击形成视觉优选，从而引起心理美感和判断的综合性视觉传达。

形象塑造是一项综合的系统工程，即按照美的创作规律进行穿着打扮。其审美属性体现在两个方面：一方面与人的自然形体融为一体，表现出人的外在美；另一方面与人的气质、性格、思想、情趣、爱好等相适应，表现出人的内在美。因此，形象塑造可视为是人的内在美与外在美的综合产物。

二、形象塑造的原则

在当今激烈竞争的社会中，个人形象尤为重要。心理学家调查发现，人的印象是这样分配

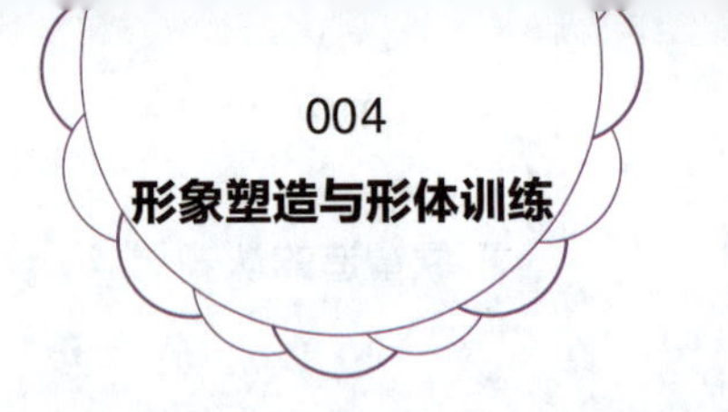

的;55%取决于人的外表、穿着、打扮等;38%是人的自我表现,包括人的肢体语言、神态、语气等;7%是人所谈话的内容。这就是形象沟通的"55387"法则,又称为第一印象效应。

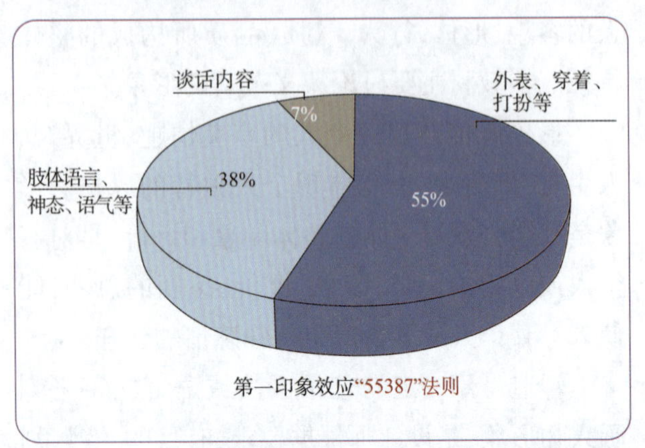

第一印象效应"55387"法则

形象之功,堪胜千言万语。人人都有形象,却不是人人都有形象力。形象力(个人形象所能产生一切裨益的能力)已经成为一种新的生产力资源,成为一种对公众的凝聚力、吸引力、感召力、诉求力和竞争力。个人形象塑造受行为主体、主客观因素的影响,体现个人理想、期望、意志、品质和自制力等。因此,形象塑造应结合实际情况,综合考虑多方面因素,并且遵循以下原则。

(一)整体性原则

形象是过程的结果,是通过个人的行为表现留给他人的整体印象。个人形象指的不是个人的局部特点,也不是各个局部的简单相加,而是所有接触的人对一个人综合系统化的印象,即形象具有整体性。所以,在形象塑造过程中要做到内外结合,即外在形象与内在形象的和谐统一。其中,外在形象包含形体、姿态、声音、发型、妆容、服饰、配饰、色彩等;内在形象包含职业、身份、地位、世界观、人生观、价值观、生活方式、修养、性格、爱好等。

(二)实用性原则

实用性原则指设计的产品为实现其目的而具有的基本功能。形象设计应符合社会角色的需要,符合所处场合的需要,符合社会大众的审美需要。国际通行的着装惯例"TPO"原则适合形象塑造。"TPO"是时间(time)、地点(place)、场合(occasion)的英文首字母缩写。其中,时间是指在进行形象设计时要体现出时代感,所设计的形象应符合同时代多数人的审美意识;地点泛指地域、场合、场所,具体指形象塑造时应符合地域特征、场景特点、场合要求;场合泛指目的、目标、对象等,具体指形象塑造时应根据活动目的、交往对象、达成目标及自身条件进行设计和塑造,要扬长避短。所以,形象塑造要遵循实用性原则。

(三)美观性原则

美观性是人类审美活动中的一种高级、特殊的评判感受。简单地说,审美就是感受、领悟客观事物或现象本身所呈现的美。形象塑造最直接的目标是要在形式上达到美的效果,使受众者在接受过程中产生一种愉悦感、和谐感。因此,审美必然强调形象的美观与和谐,无论是发型妆容、色彩风格、服装配饰,还是语言表达,在与人相处和待人接物过程中都需要进行精心设计和打造,以健康、亲切、真诚、大方、干练的形象特征逐步展现出来,并使人产生美好的感觉。

(四)个性化原则

个性化,顾名思义,就是非一般大众化的东西。在大众化的基础上增加独特、另类、拥有个体特质的需要,独具一格,别开生面地打造一种与众不同的效果。个性化也叫作定制化,是社交媒体和推荐系统中的一个关键元素。每个人都有自己独一无二的特征,以及先天具有的个性特征经过后天磨炼与培养慢慢形成的自己独特的容貌气质、内涵修养、思维方式和行为规律。因此,在符合环境、社交需要的前提下,人通过对自己充分的认知,开展形象的设计和训练,可以了解哪些元素应该如何应用在自己身上,既能满足形象需要,又能将自己与他人区别开来,从而形成独特的、个性化的形象特征。

三、形象塑造的意义

形象塑造已经被越来越多的人所接受,也成为人们关注的焦点。信息化时代就是形象时代,良好的个人形象不仅能缩短人与人之间的距离,还能转换成个人优势,最大限度地发挥个人的魅力和潜力,以赢得他人好感并提升自我的价值。

(一)形象力=竞争力

成功的个人形象有自我暗示作用。很多时候,言谈举止体现了一个人的风度,在当今市场经济竞争十分激烈的情况下,形象力日益成为一种核心竞争力。塑造完美的职业形象,彰显个人的专业实力,已成为一个人行走社会的通行证和金名片。职场初始,良好的形象和学力成为一个人融入新环境的门票,能够让一个人脱颖而出,赢得更多的机遇(如职场加薪、职场升迁等)。

(二)形象力=吸引力

一位设计大师曾说过"形象意味着一切"。形象的好坏已经成为影响个人成功与否的重要因素。形象不仅能够展现一个人的学识、修养、气质和品位,还能够影响一个人的发展前途。良好的形象是成功人生的潜在资本,会把好运吸引到一个人的身边。

(三)形象力=影响力

一个人的形象直接影响着外界对他的印象。形象是人们生活和事业成功可以利用的有效工具。在产业经济方面,成功的形象可以提升经济效用价值。很多企业精英利用这一点在市场中宣传他们的影响力,赢得了人们的信赖,进而创造出更多的经济价值。

一位形象设计师曾对100家大型企业的总裁进行访问,结果显示:

97%的总裁认为,展示出自己形象魅力的人会获得更多的升迁机会;

95%的总裁相信,不合适的穿着会使面试者更容易遭到淘汰;

93%的总裁表示,不会选用不懂穿着的人做自己的助手。

由此可见,一个人只有展示出与期待的职位相符的形象,才能拥有更大的发展空间,领导和同事才能相信这个人适合更高的位置。形象力等于影响力。例如,时代精英形象,体现了个人在公众眼中的印象;行业专员形象,体现了个人的专业与才华。

四、形象塑造的作用

(一)打造完美的第一

形象塑造是人的自我内心和外貌的管理。心理学家指出,人与人之间交往的欲望和评价首先取决于关键的几分钟(甚至是几秒),是根据对方的外貌而产生的感觉,包括表情、妆容、服装、举止、谈吐等外在表现,以及真实感、谦虚感等内在气质。从个人的角度来讲,形象塑造不仅具有掩饰或矫正形体缺陷、增加美感、增加生命活力的作用,还有利于挖掘一个人潜在的优良素质,从而激发一个人为获得更大的成就而改善言行,为提高自身影响力而修饰仪表,为增强事业竞争力而注重形象,甚至让一个人在人群中备受瞩目、脱颖而出。

(二)信息传递的作用

形象具有无声语言的功能。形象不是一个简单的穿衣、外表、长相、发型、化妆的组合概念,而是一个人在社会上获得他人的评价和印象,是一个人的外在表现与内在素质的结合。在流动中留下的印象是外界对一个人印象和评价的总和。形象传递出一系列的个人信息、社会地位、经济实力、世界观、人生观、价值观等,是个人的社会角色和职业信息传播最直观的路径和表达。

(三)个性化表达的功能

形象是一个人区别于他人的主要特性,其穿着、言行、举止、兴趣、态度、思考方式都在无声而准确地为其形象下定义,如这个人是谁、社会位置、如何生活、是否有发展前途等。如果这个人是一家公司的领导,其形象就是公司的说明书,若不能够展示出高度职业化的形象,就等于向客户宣告:我的公司不追求卓越,我们不追求品位,我们的产品和服务都不可靠。如果这个人是从事银行、保险、律师、教师等行业,其形象就是要向公众传达公司价值和信誉。

(四)打造良好的人际关系

个人形象是社会标签,塑造良好的个人形象对于人与人之间交往具有特别重要的作用。良好

的个人形象不仅能改善人际关系和提高生活的品质,还能促进事业发展。在人际交往中,一般人通常根据最初印象对人加以归类,然后再从这一类别系统中对这个人加以推论并作出判断。人与人之间的相互交往、人际关系的建立,往往是根据对他人的综合印象所形成的初步判断。具有审美价值的形象能引起人的感官快感和心灵喜悦,从而在认知、情感等方面表现出亲近。

(五)促进社会的和谐发展

个人形象也代表集体形象、企业形象。个人形象对内可以增强凝聚力,对外可以增加吸引力。社会经济与文化的日益繁荣,对于人民素质提出了更高层次的要求。良好的职业形象能够促进个人自身的和谐与群体的和谐,在构建社会主义和谐社会的过程中起到非常重要的作用。形象意识促进社会和谐观念的形成,促使塑造良好形象有效发挥构建和谐社会的积极作用。

人是社会发展的产物,形象塑造是人类文明进步的标志之一。个人形象无疑是一种视觉和内心感受的综合,展示着一个人的方方面面。形象塑造在职业教育体系中是培养职业化人才的重要课程内容,也是提高行业整体素质的重要路径。随着科学技术的进步和社会的发展,重视和发展形象教育事业,成为培养高技能、高素质、适应新时代需要的建设者的必然。

单元任务

1. 个人基本情况整理

姓名:____________

年龄:____________

身高:____________

体重:____________

专业(职业):____

目前形象:____

我的个性:____

我的喜好:____

我的偶像:____

出现场合:____

2. 画出形象塑造概述的思维导图

单元1.2　形象塑造内涵及要素

1. 了解形象塑造的内涵及要素。
2. 掌握形象塑造各要素的基本内容。
3. 根据形象塑造要素的基本内容结合自身展开实践。

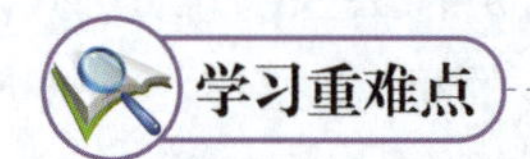

重点:掌握仪容美、仪表美、形体美塑造的内容。
难点:文化修养和人格魅力在形象塑造中的实践。

一、形象塑造的内涵

人们生活在一个被称为“30秒文化”的世界中。所谓“30秒文化”,是指人会在短短的30秒时间内根据一个人的衣着、说话方式、环境布置及对同事的影响力作出判断,由此产生对这个人“先入为主”的第一印象,并会对今后交往产生影响。形象无时无刻不在影响着周围人对你的评价,以及你本人的自信心。正如一位著名形象设计师所说:“服装是视觉工具,你能用它达到你的目的。你的整体展示——服装、身体、面部、态度为你打开凯旋、胜利之门,你的出现将向世界传递你的权威、可信度、被喜爱度。”

形象塑造的核心任务是塑造良好的个人形象。形象塑造的内涵是运用造型艺术手段,根据每个人与生俱来的面容、肤色、发色等人体色和身材轮廓、量感、动静与比例的形体特征,再结合个性特征、职业身份、社会角色等综合因素,塑造出符合时代的价值观和审美观的个人形象,以达到人内在素质与外在形象的完美结合。个人形象的内涵包含面貌修饰、外在设计和内在修养等。

形象塑造包含仪容、仪表、仪态和个人素养等要素。仪容主要包含面貌修饰和发型设计;仪表主要是指服饰搭配;仪态主要指人的形体塑造与礼仪表达;个人素养主要是指文化修养和人格魅力,体现其个体特征和内在素质。

形象塑造不仅关乎美丽,还关乎生活、职场。学会与社会的适应与融合,是一门人人都需要学习的通识课程。学生通过自我学习、自我认知、自我判断、自我实践,具备形象设计和形象管理的能力,以满足一定的社交需求和职业发展的需要。

二、形象塑造的外在要素

（一）仪容要素

1. 仪容和仪容美

仪容是一个人形象塑造的根本。每个人都有自己独特的仪容特征。良好的仪容可以增强个人的自信心。因此，仪容塑造对个人的求职、工作、晋升和社交都起着至关重要的作用。

仪容由面容、发式以及人体所有未被服饰遮掩的肌肤构成，包含面部、脖颈、头发、手部等。仪容通常是指人的外观、外貌。它主要是指人的容貌。容貌会引起他人的特别关注。

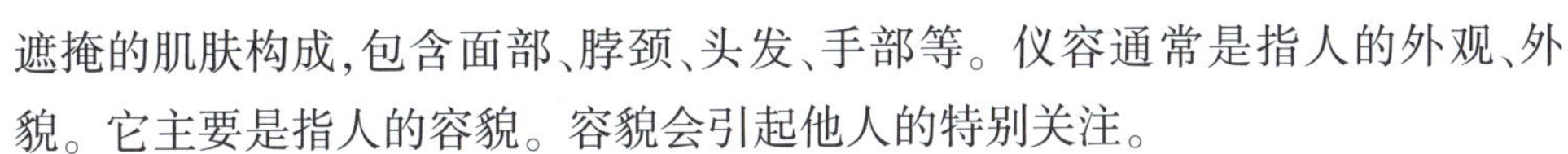

仪容的基本要素包含面部、头发、肌肤、体味、妆容。良好的仪容需要经常修饰。仪容修饰的基本原则是做到整洁、卫生、美观、得体。良好的仪容能让人感觉到和谐并富于表情，容光焕发且充满活力，给人以健康且富有个性的深刻印象。

仪容美包含自然美、修饰美。自然美是仪容的先天条件。修饰美是依照规范与个人条件，对仪容进行必要的修饰，扬长避短地进行设计，尽可能塑造良好的个人形象。

2. 仪容美的塑造

（1）面部的清洁与修饰

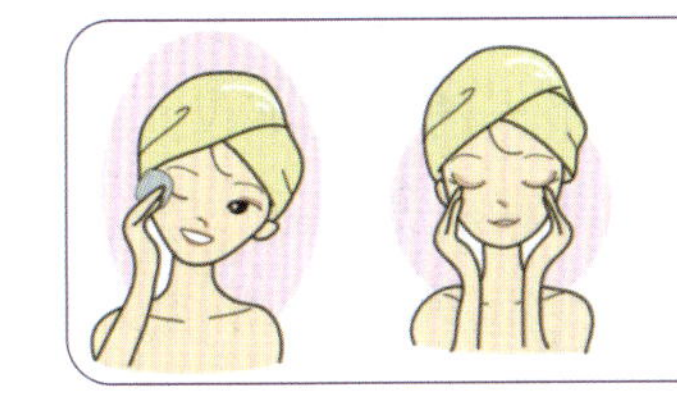
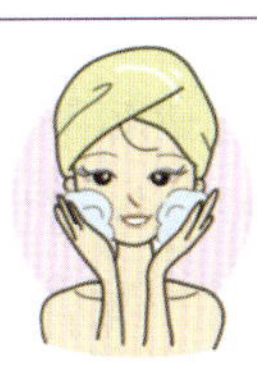

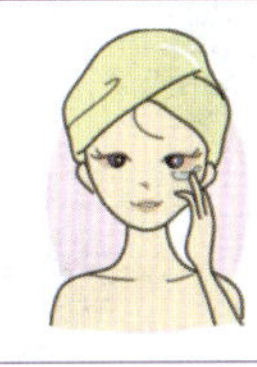
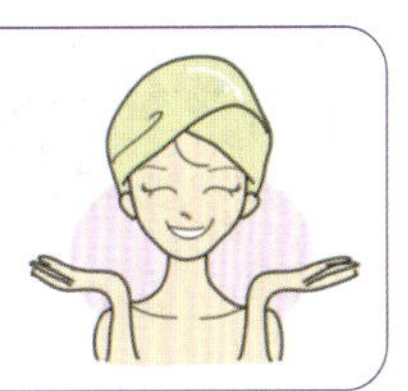

面部卫生直接影响他人对你的印象。面部清洁包括脸部清洁、眼部清洁、口腔清洁和耳部清洁。面部清洁要做好以下方面：日常的脸部清洁，清除眼角分泌物，检查和修剪鼻孔和耳朵内的毛发，清除鼻孔和耳朵的分泌物，口腔清洁及消除口腔异味等。

在日常交往和社交活动等场合，亲切的妆容、得体的仪表是双方良好交往的开始。适度得体的化妆表达了对他人的尊重。化妆应遵循突出优点、修饰缺点、弥补不足、整体协调的原则。

（2）头发的清洁与修饰

头发在仪容中有着举足轻重的地位，发型大方、得体是良好仪容最基本的要求。头发清洁要做好以下方面：头发要经常清洗，每周至少清洗 2～3 次；头发要及时修剪并保持整洁，要做到每半个月到一个月修剪一次。

发型是形象设计的开端，一切从“头”开始。发型可以改变一个人的脸型和气质。设计发型时，要做到发型修饰和场景相吻合。在生活和工作中，人们可根据自己的脸型和年龄选择适合自己的发型,符合个体及职业形象的要求。好的发型可以增辉,差的发型会大大减分。

(3)肢体的清洁与管理

不管是在日常生活中还是在社交场合或商务活动中,身体未被遮盖的肢体部分的清洁和修饰都非常重要。上肢包括手部、手臂、肩部。上肢修饰应做到:保持手部的清洁;防止手部干裂、粗糙;不宜留长指甲;不涂鲜艳的指甲油以及在指甲上彩绘;等等。下肢包括脚部、腿部和汗毛。下肢修饰应做到:勤洗脚、勤换袜子、勤换鞋子;正式场合忌光脚穿鞋,不穿露趾的凉鞋或拖鞋,不要将腿部暴露在外。

(4)体味的清洁与管理

体味的清洁需要注意个人卫生,如果有异味,在公众场合和人际交往中很容易引起交往对象的反感。体味的管理要做好以下几个方面:①养成良好的卫生习惯,做到经常洗澡和做好清洁,使身体勿带异味;②尽量不要吃葱、姜、蒜等带有刺激性味道的食物,以免长时间在口腔里留下异味;③在日常和工作场合合理使用香水,保持体味清新自然。

(二)仪表要素

1.仪表和仪表美

仪表,即一个人的外表,是一个人外在形象的综合体现。一般来说,仪表是指某人外在的仪态、举止、着装等,也包括服饰和配饰,如眼镜、耳环、项链、服饰、鞋袜等。一个人的仪表不仅可以体现其文化修养,还可以体现其审美情趣。

仪表美是一个综合概念,它包括以下三层含义:

(1)协调美。协调美是指服饰搭配与其容貌、形体的协调,以及在空间运动中所表现的神情和姿态大方自然的协调感。协调美是一种自然美,是仪表美的基础。

(2)创造美。创造美即通过修饰打扮以及后天环境的影响产生的美。无论一个人的先天条件如何,都可以通过化妆、服饰、外形设计等方式拥有仪表美。仪表美是每个人都可以去追求和创造的,是仪表美的发展。

(3)内在美。内在美即仪表的塑造与表情、体态变化相得益彰所表现出来的淳朴高尚的内心世界和蓬勃向上的生命活力。内在美是一种深层次的美,能够反映一个人的内在修养,是仪表美的本质。

2.仪表美的塑造

(1)仪表美的职业要素

一个人的仪表应符合其身份和职业需求,要仪态文雅、举止大方、着装适宜。服饰是一种文化,除了具有美学功能之外,还具有表达功能和标志功能。我们常常会凭借一个人的着装和举止来判断这个人的身份、地位和涵养。一位作家在书中曾说:“服装往往可以表现人格”。在人际交往中,服饰在很大程度上反映了一个人的社会地位、身份、职业、收入、爱好及一个人的文化素养、审美品位等。因此,要想呈现一个真正美的自我,首先要掌握服饰穿着的礼仪规范。和谐、得体的穿着有利于展示自己的才华和美学修养,平时还要多读书、多与人交往,待人接物要落落大方、讲礼貌,不断提升自身修养。

(2)仪表美的色彩要素

俗话说,“远看颜色近看花”。色彩是最大众化的一种审美形式,也是服装造型艺术的重要表现手段。在选择服装时,第一时间吸引顾客的就是色彩,它比外形、形态更具功效,且有效距离也更远。一个人从远处走来,观察者首先注意的是其服装的颜色,然后才是其体形轮廓等。世界色彩专家研究人们对服装采购行为得出了“7 秒决定论”的观点,也就是说在短短的 7 秒钟内,人们就会从琳琅满目的服装中锁定自己喜欢的色彩。因此,在服装三要素中,色彩对人的刺激最快速、最强烈、最深刻,它被称为服装的第一可视物。

(3)仪表美的款式要素

当我们在观察一个人时,对其的认知和判断往往只从局部出发,由局部扩散而得出整体印象。当其仪表很职业化的时候,就容易赋予其很多专业的品质;当其着装过于前卫或性感时,就容易将其行为与出格、反叛等负面信息联系起来,服装款式是否得体很容易成为判断这个人最初依据。因此,仪表中的款式要素尤为重要,款式选择和设计要做好以下几个方面:①服装款式应当与场合相适应,讲究时间、地点、审美等要素;②服装款式与风格特点要与服装的面料相适应;③服装款式具有以下一般规律,即有领比无领更正式、露少比露多更正式、简洁比繁复更正式、合身比宽松或紧绷更正式。

(三)仪态要素

下面主要介绍仪态要素中的形体要素。

1. 形体与形体美

形体是身体的“形态”与“体态”之和,它既是人体结构的外在表现,也是人类的思想对外表达的载体。形体是一个人的门面,是留给他人的第一印象,也是一门艺术。雕塑《掷铁饼者》之所以具有“永恒的魅力”,是因为作者把生命的活力体现在优美、匀称的形体之中,使人体美的表现达到了高度理想的境界。

随着社会的发展,人们的生活与美的关系越来越密切,人们不仅仅满足于身体的健康,更注重追求形体美,这是人类文明进步的一个标志,也是社会发展的一种潮流。

人之美,美在其健康;

人之美,美在其形体;

人之美，美在其动作；

人之美，美在其力量；

人之美，美在其心灵。

形体美就是在社会评价体系的基础上，以健康、自然的审美观，追求和谐向上并具有时代意义的健、雅、美。

形体美主要体现在身体健康、体形健美、仪态优美和行为之美四个方面。

(1)身体健康。身体健康是形体美的基础。形体美最基本的要求是健康，即体格健全，肌肉发达，发育正常。只有身体发育良好、功能正常，才能在人们面前展示一个有血有肉的生命，给人一种朝气蓬勃、健康向上和充满自信与活力的美。

(2)体形健美。体形健美是指身体各部位符合美学要求。例如，肌肉强健协调，富有弹性；骨骼发育正常；脊柱正视成直线，侧视具有正常的体型曲线；肩胛骨无翼状隆起和上翻的感觉等，即各部分的比例匀称，和谐统一。体质人类学家和美学家通过研究发现，凡是健美的人体均包含黄金分割点，形成匀称的体形、和谐的五官以及协调的步履。美的人体就是黄金分割点的聚合体。

(3)仪态优美。仪态，也称为仪姿、姿态，是指人们身体所呈现出的各种姿态，主要包括站姿、坐姿、走姿、蹲姿、手势等。仪态是表现个人涵养的一面镜子，也是构成一个人外在美好的主要因素。不同的仪态显示人们不同的精神状态和文化教养，传递不同的信息，因此仪态、举止又被称为体态语言。仪态在社交活动中有着特殊的作用，潇洒的风度、优雅的举止，常常令人赞叹不已，给人留下美好的印象，受到人们的尊重。

(4)行为之美。行为之美是人的形体力量及其他所反映形体与运动的审美关系。行为之美是按照美的规律进行锻炼和塑造，并与其性格、气质、文化、素质和谐一致，它与容貌、体型、仪态相比，更富有层次感、更富有永久的魅力。

2. 形体美的塑造

(1)基础练习与形体塑造

基础练习是指通过对身体各部分进行科学、有效的训练，发展其协调性、柔韧性、灵活性；通过改善身体的原始状态，纠正不良体态，塑造优美身姿，提升身体表现力。基础练习对形体美的塑造具有重要的作用，是形体综合训练的重要方法之一。

基础练习包含形体热身训练、形体柔韧性训练、形体放松训练等内容。它依据人体解剖学、人体生理学、运动学等科学原理，对训练对象进行系统的机体结构、机能重建和动作加工。基础练习遵循由浅入深、由易到难、循序渐进的科学性和系统性原则，为形体美的塑造打下了良好的基础。

(2)瑜伽练习与形体塑造

瑜伽不等同于一般的健身方式,是介于哲学与体育之间的一门边缘学术,蕴含着“身心合一”的生命哲理。通过瑜伽练习,不仅可以促进身体各方面机能的协调和健康,还可以培养人们专注、平和、冷静、客观的良好心态,从而获得身体与精神相统一的健康状态。

瑜伽通过调身的体位法、调息的呼吸法、调心的冥想法,以身心合一的方式调整身体、舒展紧张的肌肉和僵硬的关节,增强身体的柔韧性和力量。瑜伽练习也是塑造形体的重要方法之一。

(3)减脂增肌与形体塑造

现在有越来越多的人活跃在健身房,通过科学、系统的健身健美锻炼,以达到增肌、减脂、塑形的效果。增肌,顾名思义,是指增加肌肉围度,即通过有效的运动,使肌肉突显;减脂是指当体内脂肪超过正常范围,通过各种手段减掉自己身上多余脂肪的行为。增肌是合成代谢,减脂是分解代谢。增肌需要摄入更多热量,造成热量盈余;减脂需要控制热量摄入,造成热量缺口。塑形则通过对身高、体重、年龄、三围等人体数据进行科学计算而得出个体标准尺寸,制订有针对性的塑形计划,修整补正,使个体的外形符合标准,获得视觉上的外在美。

增肌、减脂、塑形是完全不同的概念,这三个概念在健身的过程中需要采取不同的健身方法。减脂塑形是指有效减去体内过多脂肪,通过减轻体重打造美观的身形,使身材线条变得更加挺拔柔美,改善外在形体;增肌塑形是指让肌肉线条美化,专门针对肌肉强化训练,让肌肉进行增长,增肌不是一味地增重,而是要增加肌肉。塑形一般有以下三个阶段目标:第一个阶段,因局部肌肉较弱,重点部位练习;第二个阶段,需明显肌肉线条,降低体脂,提高美感;第三个阶段,因减脂皮肤松弛,强化紧实皮肤。

(4)气质仪态与形体塑造

人的气质仪态是以人为审美对象,以人体运动为主要表现手段,通过动作姿态诉诸欣赏者眼前的一种美。它是一种人的外在美与灵魂、形体美与精神的结合。形体是外在的载体,气质是魅力的魂灵。

在当今社会,因为长期伏案工作,有相当一部分人都呈现弓腰驼背的体态。用人体力学的理论来解释这一不良体态,表现为脊柱弯曲。形体训练可以通过芭蕾美学的原则来改变人的体态,纠正脊柱弯曲,通过长期的、定期的、科学的训练,达到姿态体态优美、大方,拥有与众不同的气质。站姿挺拔,使男子看起来挺拔刚健,女子亭亭玉立;坐姿稳重,使男子看起来温文尔雅,女子端庄高贵;走姿自信,使男子看起来自然稳健、风度翩翩,女子轻捷自如、优美大方。人们在训练中把住精、气、神,就会逐渐形成一种高雅的气质和风度。雕刻外在体型,提升内在气质,丰富肢体语言。健美的形体、端庄的仪表、优雅的举止会对人的心灵世界产生较大的影响。

三、形象塑造的内在要素

一个人的形象不是单纯地指其长相、外貌,也包括其修养以及为人处世、谈吐等诸多方面的综合体现。良好的形象必须以个人的性格、智慧和才华为基本条件,注重提高自身的文化修养,培养良好的道德情操,树立健康积极的心态,从而塑造美好的自我形象。

(一)文化修养

"文化修养"可以分开解释:"文化",是指人文文化与科技文化各学科的总和。所谓"修",是指吸取、学习,为的是打下知识体系的基础。所谓"养",是在"修"得的知识基础之上的提炼、批判、反思乃至升华。总的来说,文化修养是对人文文化、科技文化中的部分学科有了解、研究、分析,并掌握相关的技术、技能,在此基础上进行独立思考、剖析、总结,最后确定自己的世界观、人生观、价值观的一种能力。

文化修养的提升需要实践的锤炼,它不是自古就有的,而是人类在认识、改造自然和社会的过程中逐步产生和发展起来的。文化修养的提升需要依托物质载体,需要接受良好的教育和熏陶,增加知识储备和社会阅历,并且要多学习、多思考。

(二)人格魅力

在当今社会中,为人处世的基本点就是要具备人格魅力。何谓人格?人格(personality)是人的社会角色特征,指个体在对人、对事、对己等方面的社会适应中行为上的内部倾向性和心理表征,表现为能力、气质、性格、需要、动机、兴趣、理想、价值观和体质等方面的整合。人格是具有动力一致性和连续性的自我,是个体在社会化过程中形成的独特的身心组织。人格具有整体性、稳定性、独特性和社会性等基本特征。健康人格的基本特征是具有良好的自我意识、良好的社会适应能力和良好的情绪状态。

魅力是一种特别能吸引人的力量。魅力来源于内心的自我意象,首先在内心通过意念识别确定自己为何种人,从而确定了个体的主体观、世界观、人生观、价值观和卓越感,然后在装扮力、感觉力、表现力等方面通过持续行为和动作的维护,塑造出良好的形象,从而在性格、气质、能力、道德品质等方面产生吸引人的力量。

那么何谓人格魅力?总而言之,人格魅力是指一个人在性格、气质、能力、道德品质等方面具有吸引人的力量,是一个人学识、素质、能力等方面的综合反映,是对人内在素质和外部形象的抽象概括。美好的外在形象在社交中固然会对一个人有所帮助,但最终决定个人形象的关键因素是文化修养和人格魅力这些内在的修养与品质。在当今社会里,一个人能受到他人的欢迎、容纳,实际上就具备了一定的人格魅力。

1. 性格

性格(nature;disposition)是指人的性情、品格,即人对现实的态度和相应的行为方式中的比较稳定的、具有核心意义的个性心理特征,是一种与社会关联最密切的人格特征,在性格中包含许多社会道德含义。根据心理学分析,性格可以分成外向型和内向型两大类。外向型的人其心理活动倾向于外部世界,经常对客观事物表示关心和兴趣,性格开朗、活泼,乐意参加群体活动,喜热闹环境,喜交往。内向型的人其心理活动倾向于内部世界,珍视自己内心情感的体验,对内部心理活动体验深刻且持久,不愿在大庭广众前出头露脸,言语少,易害羞、怯场,行为拘谨,容易给人留下犹豫、迟疑甚至困惑的印象。

2. 气质

气质(temperament)是表现在心理活动的强度、速度、灵活性与指向性等方面的一种稳定的心理特征。现代心理学把气质理解为人典型的、稳定的心理特点,这些心理特点以同样方式表现在各种各样活动中,而且不以活动的内容、目的和动机为转移。人的气质可分为四种类型:胆汁质(兴奋型)、多血质(活泼型)、黏液质(安静型)、抑郁质(抑制型)。气质美看似无形,实为有形,气质可以通过一个人对待生活的态度、个性特征、言行举止等表现出来。美好的气质外化是指在一个人的举手投足之间,将美的外貌与美的精神、美的德行、美的语言结合起来,展现出人格、气质、外表的一个完美统一,内在的气质可以通过外在的形象表现出来。

3. 能力

能力(ability)指掌握和运用知识技能所需的个性心理特征,也指能胜任某项任务的条件、才能,还指完成一项目标或者任务所体现出来的综合素质。能力总是与人完成一定的实践相联系在一起的,离开了具体实践,它既不能表现人的能力,也不能发展人的能力。不同的个体在完成活动中表现出来的能力不同。能力直接影响活动效率。能力一般分为一般能力、特殊能力、模仿或操作能力、创造能力、社交与认知能力等。职业素质的核心能力就是职业形象,能力是职业形象的重要组成。能力和形象互为表里、互为成就。

4. 道德品质

道德品质(moral character),又称德行,指的是衡量行为是否正当的观念标准。道德品质属于上层建筑的范畴,是一种特殊的社会意识形态。它通过社会舆论、传统习俗和人们的内心信念来维系,是对人们的行为进行善恶评价的心理意识、原则规范和行为活动的总和。培养良好的道德品质要做到以下几点:

(1)学习并践行社会主义核心价值观。

(2)树立远大的人生理想。

(3)传承中华民族优良传统,弘扬爱国主义精神。

(4)在实践中创造人生价值。

(5)自觉遵守法律法规。

学生时代是人生道德意识形成、发展和成熟的一个重要阶段,良好的道德品质,有利于促进学生树立正确的世界观、人生观、价值观,有利于构建和谐社会,同时是促进学生全面发展、实现人生价值的一个重要条件。

单元任务

1. 制订个人形象塑造的方案

	仪容美要素	每日计划	每周计划	每月计划
仪容塑造	面部的清洁与修饰			
	头发的清洁与修饰			
	肢体的清洁与管理			
	体味的清洁与管理			
仪表塑造	仪表美要素	自我诊断	设计方案	实践计划
	仪表美的职业要素			
	仪表美的色彩要素			
	仪表美的款式要素			

续上表

形体塑造	形体美塑造	每日计划	每周计划	每月计划
	基础练习与形体塑造			
	瑜伽练习与形体塑造			
	减脂增肌与形体塑造			
	气质仪态与形体塑造			
文化修养	学习内容	每日计划	每周计划	每月计划
	书籍阅读			
	观看歌舞剧			
	观看影视剧			
	……			
人格魅力	人格魅力四大要素	自我诊断	设计方案	实践计划
	性格			
	气质			
	能力			
	道德品质			

2. 画出形象塑造要素的思维导图

模块拓展

形象美学——遇见更好的自己

形象美学是对人和物的审美，从美学角度对人的整体形象进行系统的研究与解析，从人或物的色彩和风格的角度找寻内在规律，达成和谐统一。

形象之美不仅要追逐流行与时尚，还要将形象与学识、修养、品位内化成一种气质，达到形貌、心神的统一。一位作家曾说："如果我们沉默不语，我们的衣裳与体态也会泄露我们过去的经历。"所以，一个人的形象不仅仅展示的是你的衣着，更是在诉说你的品位、能力以及你的态度。

爱美之心，人皆有之，形象美学提倡的是科学的美、整体的美及量身定制的美。每个人都可以通过学习掌握自我形象管理的能力，找到适合自己的形象定位。

1. 课堂收获

结合本模块内容，我学到了什么？

2. 反思感悟

结合本模块学习，反思我的问题是什么？我应该怎么做？

模块2
仪容塑造

李同学即将实习,并知道得体的仪容仪表是体现企业员工精神面貌的基础要求与职业素养,于是李同学带着疑问请教罗老师如何塑造仪容仪表。罗老师表示先不着急动手,而是带着她先做了一组测试。首先,罗老师让李同学了解自己的皮肤肤质;其次,罗老师仔细分析了李同学的面部结构,并且制订了护肤方案;最后,罗老师给出了适合李同学的形象塑造方案。在此过程中,李同学也终于知道为何自己学不会的原因了,原来一直盲目跟风,没找到适合自己的定位。让我们一起系统地学习吧!

无论是东方文化还是西方文化,良好的仪容形象都体现着对他人的尊重。本模块讲解如何塑造仪容仪表,培养敏锐的观察力和实际动手能力,发现个人形象的优势和潜质,扬长避短,遵循美学原则,运用正确仪容塑造方法,化外表、化个性、化状态。

单元 2.1　仪容形象日常护理

学习目标

1. 了解仪容仪表与形象塑造的重要性和皮肤肤质的常识。

2. 了解皮肤日常护理步骤。

3. 掌握修饰仪容的方法。

学习重难点

重点：了解皮肤护理的方法。

难点：掌握修饰仪容塑造形象的方法。

单元知识

一、皮肤结构认知与诊断

“清水出芙蓉，天然去雕饰”（出自李白的《经乱离后天恩流夜郎忆旧游书怀赠江夏韦太守良宰》），皮肤的好坏决定了妆容的质量。良好的妆容是呈现在一个健康、有光泽的皮肤上的。在现代生活中，人们有时只注重于化妆，却忽略了皮肤的护理与保养。皮肤作为人体最大的器官，会随着新陈代谢而消耗能量，如果长期不保养，就会出现各种问题。

1. 皮肤结构

(1) 皮肤构成：表皮层、真皮层和皮下组织。

①表皮层。表皮层是皮肤的最外层，是皮肤的保护屏障，起到防紫外线、防病菌、防灰尘、防杂质、防水分蒸发的作用。

②真皮层。真皮层是人体的储水库之一，它使得皮肤具有良好的柔韧性和弹性，也是营养物质代谢交换场所。

③皮下组织。皮下组织是皮肤用来保护人体内的各个组织以及器官的重要屏障，是维持皮肤弹性和表情的重要结构。

(2) 皮肤的成分：水 70%，蛋白质 25.5%，脂肪 4%，矿物质 0.5%。

(3) 健康皮肤的酸碱度：pH 值 4.5 ~ 6.5，呈弱酸性状态。

(4) 皮肤的厚度：平均只有 0.5 ~ 2mm（最薄的部位在眼部、唇部、胸部）。

2. 皮肤分类

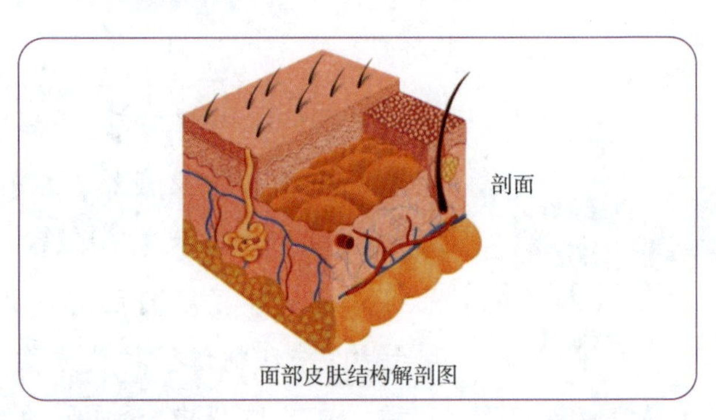

面部皮肤结构解剖图

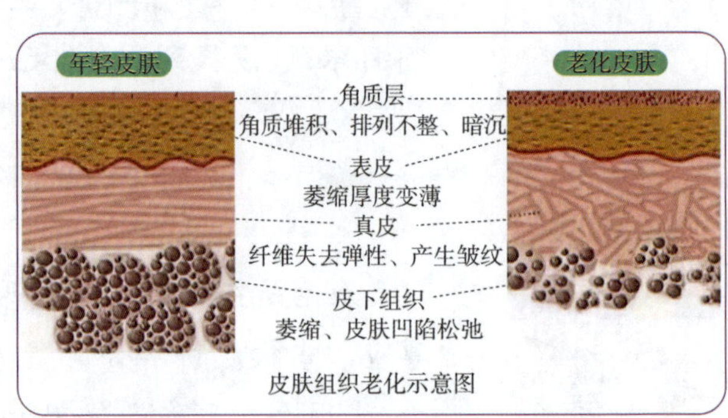

皮肤组织老化示意图

皮肤的分类及皮肤管理常识一直是人们关注的话题。早在 20 世纪初期，国际主流皮肤科诊断就开始把皮肤分为油性、混合性、干性和敏感性四种类型，并沿用至今。

在皮肤美容学和皮肤护理领域，皮肤分类系统侧重于皮肤的四个因素：油性（O）与干性（D）、耐受型（R）与敏感性（S）、色素型（P）与非色素型（N）、紧致型（T）与皱纹型（W）。这四个因素是皮肤分类的基础，简单来说，从皮肤的油脂、耐受度、色沉情况、皱纹四个方面分为 16 种肤质，以确定各种皮肤的特性以及适当的解决方法。皮肤粗略分为油类和干皮类两大类（表 2-1）。

皮肤分类 表2-1

油类	
(1)油敏	(2)油耐
OSPW 油性/敏感性/色素型/皱纹型	ORPW 油性/耐受型/色素型/皱纹型
OSPT 油性/敏感性/色素型/紧致型	ORPT 油性/耐受型/色素型/紧致型
OSNW 油性/敏感性/非色素型/皱纹型	ORNW 油性/耐受型/非色素型/皱纹型
OSNT 油性/敏感性/非色素型/紧致型	ORNT 油性/耐受型/非色素型/紧致型
干皮类	
(3)干敏	(4)干耐
DSPW 干性/敏感性/色素型/皱纹型	DRPW 干性/耐受型/色素型/皱纹型
DSPT 干性/敏感性/色素型/紧致型	DRPT 干性/耐受型/色素型/紧致型
DSNW 干性/敏感性/非色素型/皱纹型	DRNW 干性/耐受型/非色素型/皱纹型
DSNT 干性/敏感性/非色素型/紧致型	DRNT 干性/耐受型/非色素型/紧致型

专业诊断开发出的16种肤质分型系统对我们日常诊断来说有些复杂，其中色素沉淀和皱纹这两项属于皮肤的后天表现。我们的皮肤类型不是一成不变的，而是随着年龄、季节变化、护肤产品应用等发生变化，只有及时了解皮肤状态，才能应对各种皮肤问题，养成科学的护肤习惯，做好周期护理和日常护理，达到良好的效果。干性皮肤、油性皮肤、中性皮肤 、混合性皮肤和敏感性肌肤是日常基础分类。其特点包括如下：

干性皮肤：毛孔较小，干燥、紧绷，易起皮，细纹比较明显。

油性皮肤：毛孔比较粗大，油脂分泌旺盛，洗脸没多久就满脸油光，爱长痘。

中性皮肤：最理想的皮肤状态，不油不干，没痘痘，不会过敏。

混合性皮肤：水油不平衡，脸部T区爱出油，两颊却很干燥；

敏感性肌肤：角质层薄，易红肿，过敏瘙。

护肤品

二、护肤品常见成分及作用

护肤品的常见成分及作用见表2-2。

护肤品常见成分及作用 表 2-2

成分	作用
水、甘油、丁二醇、丙二醇、乙醇、三乙醇胺	这些都是常见的溶剂，为了配方的稳定性和触感，辅助起到保湿作用
苯氧乙醇、山梨酸钾、羟苯甲酯、多元醇类	这些都是常见的防腐剂，主要作用是抑制微生物的生长和繁殖
黄原胶、卡波姆、聚丙烯酰胺、聚丙烯酸钠	这些都是常见的增稠剂，主要作用是提高护肤品的黏度和稳定性
肉桂醇、肉桂醛、羟基香茅醛，香叶醇、丁香酚、异丁香酚、橡苔提取物	这些都是常见的香精成分，是为了掩盖原料的气味，迎合消费者的喜好
玻尿酸、角鲨烷、维生素 E、氨基酸	具有补水保湿的功效
烟酰胺、传明酸、熊果苷、维生素 C	具有美白淡斑的功效
水杨酸、维 A 酸、果酸、壬二酸	具有控油祛痘的功效
神经酰胺、积雪草、金盏花、甘草酸二钾	具有舒缓修护的功效
玫瑰花水、玻色因、虾青素	具有抗氧抗衰的功效

三、常见护肤品类型

常见护肤品类型见表 2-3。

防晒霜

常见护肤品类型 表 2-3

名称	类型
面膜	片状面膜、泥膜、软膜、撕拉式面膜、睡眠面膜等
水	爽肤水、柔肤水、紧肤水(化妆水)、纯露、喷雾等
乳液	黏稠型乳液、清爽型乳液等
精华	精华液、肌底液、原液等
眼霜	眼霜、眼部啫喱等
面霜	日霜、晚霜、雪花膏、凝露等
防晒	防晒霜、防晒乳液、防晒棒、防晒凝胶、防晒喷雾等
洗面奶	皂基洗面奶、氨基酸洗面奶、葡萄苷洁面露等
卸妆用品	卸妆水、卸妆油、卸妆膏、卸妆乳等
精油	纯精油、单方精油、复方精油等

这些护肤品种类繁多，有的名称相似，但功效和成分还是有区别的，我们要根据自己的肤质来选择适合自己的护肤品，首先要正确区分这些生活中常见的护肤品。

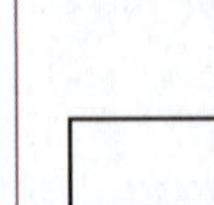

1. 洗面奶(表 2-4)

不同洗面奶简介 表 2-4

类型	适用肤质	主要功效	使用体验
皂基洗面奶	油性皮肤、混合性皮肤	强劲清洁力，不适合长期使用	易冲洗，清爽、紧绷感
氨基酸洗面奶	敏感性肌肤，干性皮肤混合性皮肤	温和不刺激，可长期使用	易冲洗，清爽、不紧绷
葡糖苷洗面奶	所有肤质	清洁力足够且亲肌肤，可长期使用	易冲洗、清爽水润不紧

2. 水(表 2-5)

不同水的简介　　表 2-5

种类	适用肤质	主要功效	使用肤感
爽肤水	油性皮肤、混合性皮肤、痘肌	控油补水、消炎清洁、平衡 pH 值	比较清爽(尽量选择不含酒精成分)
柔肤水	干性皮肤、混合性皮肤、敏感性肌肤	补水、滋润皮肤、软化角质	温和,比较滋润、质地稠
紧肤水(化妆水)	干性皮肤、混合皮、敏感性肌肤	补水、滋润皮肤、软化角质	温和、比较滋润、质地稠
精华/肌底液	所有肤质	补水保湿、功能性护肤品	量少质精,将高浓度活性成分渗透肌底,比较滋润、质地稠
原液	所有肤质	更精准地解决单一肌肤问题,可针对不同肌肤需求直接调理,快速恢复	高浓度单一功效成分的精华,分子小,易吸收

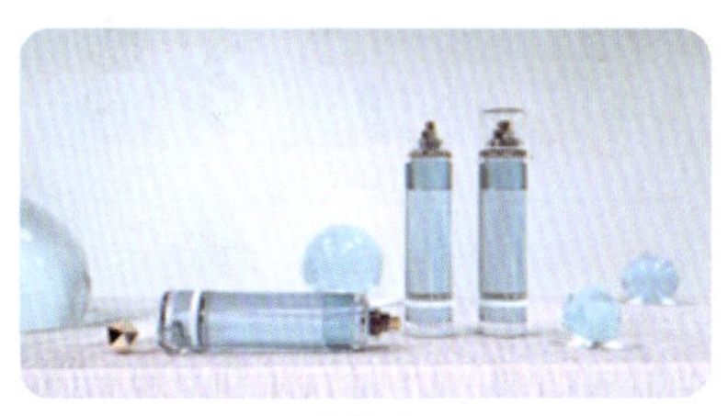
化妆水

3. 面膜(表 2-6)

不同面膜简介　　表 2-6

种类	使用肤质	使用方法/功效
软膜	所有肤质	配合爽肤水或纯净水使用,敷15min 左右揭下,保湿补水
泥膜	干性皮肤、油性皮肤、混合性皮肤、痘肌(敏感性肌肤慎用)	补水、清洁、祛痘等(含矿物质和微量元素)
睡眠面膜	干性皮肤、混合性皮肤、敏感性肌肤	补水保湿、修护维稳、舒缓提亮
片状面膜	干性皮肤、油性皮肤、混合性皮肤、敏感性肌肤	补水型(补水保湿)、功效型(美白、祛痘)

面膜

4. 防晒与隔离(表 2-7)

防晒与隔离简介　　表 2-7

种类	适用肤质	种类	主要功效	使用步骤
防晒	所有肤质	防晒霜、防晒喷雾	防止晒伤、光老化、晒黑斑	用在护肤的最后一步(喷雾可以适当补)
隔离	所有肤质	隔离液/乳	修正肤色、隐形毛孔、防晒(防晒指数不高)	用在化妆第一步,可使妆容更持久

防晒

5. 卸妆(表 2-8)

不同卸妆用品简介　　表 2-8

种类	适用肤质	产品质地	使用体验
卸妆水	油性皮肤、混合性皮肤、敏感性肌肤	质地轻薄、肌肤负担轻	清洁力较弱,对于浓妆卸妆力度不够
卸妆油	经常化浓妆的人群	油溶性、质地较油腻	清洁力强,对皮肤刺激性大,不适合敏感性肌肤
卸妆膏	经常化浓妆的人群	质地厚重,用量较小	比较滋润,有较好清洁力,适合大多数肤质

卸妆

面霜

6. 面霜与乳液(表 2-9)

面霜与乳液简介 表 2-9

类型	适用肤质	产品质地	主要功效
乳液	油性皮肤、混合性皮肤、敏感性肌肤	流动性强，容易吸收，质地较清爽	保湿锁水，修复维稳，功效型(美白、祛痘)
面霜	中性及干性皮肤、混合性皮肤、敏感性肌肤	较为黏稠，需要配合手法帮助吸收	保湿锁水，修复维稳，功效型，比乳液更滋润

根据个人肤质可以判断其大概需要的护肤品类别，如补水、抗痘、美白的……每个护肤品都需要时间沉淀它的功效，不可能使用一天就能看到效果。例如，肌底液这类护肤品，是为帮助后续护肤品吸收，所以在使用一段时间后，如果没有达到预期的话，再考虑更换。另外，护肤重在坚持，护肤品的作用就是调理我们的皮肤，调整到一个相对水油平衡的健康状态。同时，护肤也不需要叠加太多产品，我们的皮肤只能吸收到一定程度，过度保养反而会破坏皮肤屏障，变成敏感性皮肤。因此，我们需要科学护肤、认真护肤。

四、皮肤的日常护理与保养

针对不同肤质，护理方法不一样，需要根据年龄、季节气候、居住环境的变化而产生变化，这就需要我们细心观察，从而针对性地进行调整，正确保养护肤。同时，皮肤有自身的免疫力和修复能力，良好的新陈代谢能促进皮肤健康，所以规律的生活作息、良好的饮食习惯、适当的运动健身也是日常保养的一部分。不同皮肤的特点及护肤重点见表 2-10。

不同皮肤的特点及护肤重点 表 2-10

类型	特点	护肤重点
干性皮肤	一种皮脂腺和汗腺都不足的皮肤，皮肤的角质层比较薄，毛孔细小，分泌油脂少，面部无光泽，容易出现干纹或者起皮	补充水分及油分，选用高保湿和营养类护肤品，抵抗细纹应使用温和性的护肤品
油性皮肤	角质层比较厚，分泌油脂多，毛孔粗大，容易有黑头，面部偏黄，光泽度好，容易产生痘和暗疮现象	注重清洁，多补水分，控油祛痘，维持水油平衡，不仅要锁水，还要收缩毛孔，选用降低油脂分泌的护肤品，少吃辛辣与甜食
中性皮肤	比较理想的正常健康皮肤，在青少年及儿童中居多，皮肤细嫩，富有弹性，毛孔细小，皮肤白皙，角质层适中，皮肤有光泽，容易出现天热偏油，天冷偏干的现象	注重日常补水保湿，秋冬季节用保湿营养类，春夏季节用补水清爽类
混合性皮肤	一般都会出现 T 区偏油，脸颊两侧比较偏干，兼顾两种皮肤特点	调整局部水油平衡，全脸补水，偏油多的皮肤，用控油类护肤品，脸颊用保湿强的产品，偏干的皮肤，用营养保湿的产品
敏感性肌肤	敏感性肌肤很薄，严重的有红血丝外露，容易受外界环境刺激，如空气变化，对花粉、气味、食物、药物、化妆品、宠物毛发等过敏原，出现过敏反应	选择不过敏的护肤品进行日常保养，并改善过敏肌肤，增强皮肤抵抗力。切记不要使用含色素、香料的护肤品，注意防晒，不用过热、过冷的水洗脸

五、皮肤早晚护理步骤建议

维持健康皮肤的必要护肤基础就是采取清洁、保湿、抗紫外线对策，有人说"早上没有必要洗脸"这是不科学的，人在睡觉期间很可能出汗，枕头和床单中的灰尘也会让皮肤变脏。所以早上护肤步骤重点就是做好防晒：

(1)用洗面奶(如氨基酸类洗面奶)去除污垢，清洁面部。

(2)爽肤水或护肤水保湿。

(3)如果需要功能性产品，眼霜在爽肤水护肤水之后使用。

(4)如果需要功能性产品肌底液精华，在爽肤水、护肤水后使用。

(5)选择面霜或者乳液，保湿锁水。

(6)防晒环节：防晒是日间护肤重点，为防止紫外线伤害，应选择合适倍数防晒产品或者物理防晒方法。

晚间是皮肤恢复和调整的重要时间段，能够修复皮肤损伤的生长激素会在夜间大量分泌，因此夜间的皮肤保养步骤侧重充分补充营养，具体如下：

(1)用卸妆产品充分卸掉彩妆。

(2)选择合适的洗面奶洗掉残余彩妆、灰尘和皮脂污物。

(3)及时用化妆水调整皮肤状态，补充流失的水分。

(4)选择乳液、面霜来补充营养和油分，提升屏障机能。

(5)有功能性护肤需求的在化妆水后选用肌底液或者精华液(油)。

(6)如用眼霜类的功能性产品，在护肤水后局部配合按摩使用。

(7)最后使用面霜或者乳液，锁水保湿，补充营养。

另外，保证规律生活、保持充足的睡眠对于皮肤的修复是十分重要的。

值得一提的是，每个人肤质都不一样，而且皮肤本身有修复功能，所以精简护肤、科学护理即可，日常叠加太多成分反而不利于皮肤的吸收，破坏原有屏障。因此，选择合适自己肤质的精准护肤，大家不要盲目跟风。

单元任务一

建立自己的皮肤档案：

我的年龄	
我的性别	
皮肤有过敏史吗?	从来没有□　偶尔□　总是□
过敏是因为什么引起?	化妆品□　季节性□　食物□　其他□
有哪些皮肤困扰?	皮肤干燥□　毛孔粗大□　易出油□　痘痘□　易过敏□ 红血丝□　色斑□　皱纹□　肤色不均□　脸部松弛□ 黑眼圈□　眼袋□ 其他(备注　　　　　　)
属于哪种肤质	油性皮肤□　干性皮肤□　中性皮肤□　混合性皮肤□ 敏感性肌肤□
四季皮肤状态	春季(　　　　　　　　　) 夏季(　　　　　　　　　) 秋季(　　　　　　　　　) 冬季(　　　　　　　　　)

单元任务二

通过学习皮肤的基础知识,你知道如何分析并判断自己的肤质吗?推荐一个简易又科学的测试,让我们对自己的皮肤有更清晰的认知,奠定好护肤第一步。

测试开始:

1. 洗完脸后的 2~3h,不涂任何产品,在明亮的光线下照镜子,前额和脸颊部位( )。

   A. 非常粗糙、出现皮屑　B. 仍有紧绷感
   C. 正常的润泽感而且在镜中看不到反光　D. 能看到反光

2. 在自己以往的照片中,脸是否显得光亮( )。

   A. 从不,或从未意识到这种情况　B. 有时会
   C. 经常会　D. 历来如此

3. 上妆或使用粉底,但是不用散粉之类,2~3h 后,妆容看起来( )。

   A. 出现皮屑,结块　B. 光滑　C. 出现闪亮
   D. 出现条纹并且闪亮　E. 我从不用粉底

4. 在干燥环境中,如果不用保湿或防晒产品,面部皮肤( )。

   A. 感觉很干或刺痛　B. 感觉紧绷　C. 感觉正常
   D. 看起来有光亮,或从不觉得此时需要用保湿产品
   E. 不知道

5. 用有放大功能的化妆镜从脸上能看到大头针尖大小的毛孔( )。

   A. 一个都没有　B. T 区有一些　C. 很多
   D. 非常多　E. 不知道(不能判断状况时才选 E)

6. 如果描述自己的面部皮肤特征,你会选择( )。

   A. 干性皮肤　B. 中性皮肤　C. 混合性皮肤
   D. 油性皮肤　E. 敏感性肌肤

7. 使用皂基洗面奶洗脸后,你( )。

   A. 感觉干燥或有刺痛感
   B. 感觉有些干燥但是没有刺痛感
   C. 感觉没有异常
   D. 感到皮肤出油
   E. 从不使用皂类或其他泡泡类的洁面产品
   (如果因为它会让你感觉干和不舒服,请选 A)

8. 如果不使用保湿产品,你的脸觉得干吗?( )

   A. 总是如此　B. 有时　C. 很少　D. 从不

9. 你脸上有阻塞的毛孔(黑头或白头)吗?( )

   A. 从来没有　B. 很少有　C. 有时有　D. 总是出现

10. 在不做任何护肤步骤的前提下,你的 T 区出油吗?(　　)

A. 从不　　B. 有时会　　C. 经常　　D. 总是

答题结束来看看大家的分数(　　)。

分值:A 为 1 分,B 为 2 分,C 为 3 分,D 为 4 分,E 为 2.5 分。

若总得分为 33 ~ 44 分,则属于油性皮肤;

若总得分为 26 ~ 32 分,则属于混合油性皮肤;

若总得分为 16 ~ 25 分,则属于混合干性皮肤;

若总得分为 10 ~ 15 分,则属于干性皮肤。

单元2.2　化妆品和化妆品工具的种类与选择

1. 了解化妆品的作用与功能。
2. 了解化妆工具的用途。
3. 了解并学会挑选化妆品和化妆工具。

重点:化妆品的种类与用途。
难点:化妆品的挑选。

一、化妆品的种类与选择

我国《化妆品监督管理条例》(2020年以国务院令第727号公布)所称,化妆品是指以涂擦、喷洒或者其他类似方法,施用于皮肤、毛发、指甲、口唇等人体表面,以清洁、保护、美化、修饰为目的的日用化学工业产品。例如,香水、粉饼、眉笔、口红等。

化妆品主要分为特殊化妆品和普通化妆品两类。特殊化妆品的功效包括染发、烫发、祛斑(含美白)、防晒、防脱发以及其他一些宣称的新功效。由于特殊化妆品具有特定的功能,这类化妆品必须经过国家监督管理部门的严格审核批准并下发批准文号后方可生产及销售。特殊用途类化妆品包装标签上必须标注特殊用途化妆品卫生批准文号,如"国妆特字"。

生活中常见的修饰类化妆品包括粉底、蜜粉、眼妆修饰产品(如眼影、眼线液、眼线笔、睫毛膏等)、眉部产品、腮红、唇膏唇彩、唇线笔等。修饰类化妆品具有美化面部容貌、调整皮肤色调、修饰五官轮廓及调整比例等作用。

(一)粉底

粉底是最为常用的调整皮肤色调、肤质和增强立体感的化妆品。其基本成分是油脂、水分以及颜料等。油脂和水分是粉底不可缺少的基本成分,可以使皮肤滋润并具有一定的弹性。根据水分、油分的比例不同,粉底一般分为液状粉底和膏(乳)状粉底。根据用途的不同,还有做特殊处理的遮瑕膏、抑制色遮瑕膏。

1. 液状粉底(表 2-11)

液状粉底简介 表 2-11

液体型粉底	湿粉状粉底
液状粉底油脂含量低,水分含量较高,更具流动性和延展性;适于干性皮肤和化淡妆使用	湿粉状粉底的油脂量相对比液体型粉底多,遮盖力略强;适用于干性、中性皮肤和影视妆

2. 膏(乳)状粉底

此类型粉底油脂含量较高,具有较强的遮盖力;适用于面部瑕疵过多的修饰及其浓妆。

膏状粉底

遮瑕膏

3. 遮瑕膏

遮瑕膏是一种特殊的粉底,主要用来遮盖黑痣、色斑等较重的瑕疵。

4. 抑制色遮瑕膏

抑制色遮瑕膏主要利用色彩补色中和的原理来减弱和修饰面部晦暗、发青或者泛红等皮肤问题,协调皮肤肤色,如泛红部位用偏绿抑制色,肤色偏晦暗或者偏黄可用淡紫色修正,苍白的皮肤可选用粉色抑制色,偏青褐色部位(如黑眼圈)可用橘色抑制色。抑制色遮瑕膏在涂底色前先进行调整使用。

抑制色遮瑕膏

小知识

BB 霜与粉底

BB 霜色号比较少,所持有的青黑色成分在不注意的时候使脸色显得浑浊不清,会更容易涂出厚重感。相对而言,粉底色号较多样,很多品牌将粉底分为暖色调与冷色调两类,并且从润泽度到亚光度均有,选择范围较广。BB 霜也有优势,如瑕疵皮能选择到与自己肤色相匹配的 BB 霜,因为 BB 霜的附着度与遮瑕度较粉底而言更好些,所以无论是 BB 霜还是粉底,都要在了解产品性能后选择适合自己肤质的,这就是最好的。

BB 霜

蜜粉

(二)蜜粉

蜜粉也称干粉、碎粉,为细颗粒状的粉末,具有吸收水分和油分的作用,并且能抑制粉底过度油光,防止脱妆。使用时,一般使用粉扑按拍,再用粉刷刷掉浮粉。

(三)眼妆修饰产品种类

眼妆是在脸部定妆后开始画的。画眼妆可分为四个步骤:画眼影、画眼线、夹眼睫毛、涂睫毛膏。画眼妆需要按照正确的顺序,并且在上妆之前要做好基础护肤,可以提高皮肤的滋润,使后续画的眼妆更持久,避免过于干燥而出现卡粉的问题。

1. 眼影种类

眼睛是心灵的窗户,也是面部妆容的重点。眼影是加强眼部立体效果、修饰眼形、衬托眼部的化妆品,色彩丰富、品种多样,一般常用的眼影分为眼影粉、膏状眼影和液体眼影(表2-12)。

眼影种类　　表2-12

种类	说明	图片
眼影粉	眼影粉为粉块状,其粉末细,色彩丰富。眼影粉分珠光眼影粉和亚光眼影粉两种。含珠光的浅色眼影粉可作为面部提亮色使用,珠光眼影粉可起到特殊点缀作用,通常用于局部点缀。亚光眼影粉较适合东方人略显水肿的眼睛。使用时,根据妆型设计及其眼部结构和妆效,选用不同颜色的眼影粉	
膏状眼影	膏状眼影是用油脂、蜡和颜料配置而成,与唇膏相似,其色彩不如眼影粉丰富,但是使用后更富有光泽度,给人滋润的感觉	
液体眼影	液体眼影比较有流动性,色彩不多,使用后更为滋润。一般生活中较少使用,多用于舞台演出或者某些特殊眼妆类演示	

2. 眼影挑选建议

不少消费者因为看到眼影盘的配色好看,忍不住买了很多眼影盘回来,却常常只用几个固定的颜色。给初学者的建议,在还没了解自己适合什么颜色的情况下,可以先买基础大地色加点缀眼影(微珠光)。现在很多女生喜欢在眼

下加珠光眼影，打造“泪眼闪烁妆”。要知道，这种妆容是考虑到舞台效果，结合灯光等因素才使用大量亮片，在日常生活中使用反而适得其反。

3. 眼线饰品

眼线饰品是进行睫毛线描画的化妆品，用于修饰眼形，增强眼部神采。此类产品比较多，主要有眼线液、眼线粉（膏）、眼线胶笔、眼线液笔等（表2-13）。

不同眼线饰品说明 表2-13

种类	说明	图片
眼线液	眼线液为半流动液体，配有细小的毛刷，上色效果好	
眼线粉（膏）	眼线粉（膏）为块状，其最大的特点是晕染层次感强、不易脱妆。一般用细小的化妆刷蘸水后，再蘸取眼线粉（膏），沿睫毛根进行描画	
眼线胶笔	眼线胶笔比铅笔质地软，上色度高，晕染度更强，适合打造自然妆效	
眼线液笔	眼线液笔外形像笔，不易晕染，需要一笔成型，使用技巧有一定难度；颜色更丰富，上色度高，效果自然	

4. 睫毛膏

睫毛膏是用于修饰睫毛的化妆品。睫毛膏一般分为无色睫毛膏、彩色睫毛膏、加长睫毛膏等。使用时，一般在睫毛夹卷翘睫毛后从根部向“Z”形方向涂刷。使用睫毛膏可使睫毛浓密，增加眼部魅力。

睫毛膏

（四）眉部产品

眉笔是最常见的描画眉毛的产品和工具，可用于调整修饰脸型和调整面部比例，一般有黑色、灰色、棕色等。用眉笔描画时力度要均匀，描画要自然柔和，以体现眉毛的质感。另外，随着人们对化妆功能的更高需求，目前市场上还有更多专业化眉部产品，如眉胶、眉粉等。

眉笔

（五）腮红的种类

腮红是用来修饰面颊的化妆品，可矫正脸型，统一面部色调，使肤色显得更加红润、健康，增添好气色。常见的腮红分为粉状、膏状、液体状（表2-14）。

腮红的种类及说明　　表2-14

种类	说明	图片
粉状腮红	外观呈粉块状，含油量少，色彩丰富，使用方便，是美容化妆最常用的产品	
膏状腮红	膏状腮红与膏状粉底相似，含有油脂，使用后呈现自然光泽，适用于干性、衰老皮肤	
液体状腮红	液体状腮红相较膏状腮红更水润光泽，具有流动性，适用于干性皮肤，使用时有一定难度，新手使用容易涂抹不均匀	

唇膏

唇线笔

（六）唇膏唇彩

唇膏是所有彩妆化妆品中色彩最丰富的一种，具有改善唇色，调整、滋润和营养唇部的作用，突出五官轮廓及立体感。

1. 棒状唇膏

棒状唇膏在生活中使用最为广泛，易携带，使用方便。

2. 膏状唇膏

膏状唇膏一般是专业人士使用，可以随意进行颜色的调配。

3. 唇彩

唇彩质地细腻、光泽柔和，使用后使唇部显得更加润泽，具有果冻光泽度。唇彩一般和唇膏配合使用。使用时，一般用唇刷将唇彩涂于唇部中间进行点缀。

4. 唇线笔

唇线笔外形如铅笔，芯质较软，用于描画唇部轮廓线，既能增强唇部色彩和立体度，也能使唇部妆效更精致。选择唇线笔的颜色应注意与唇膏同一色系，且略深于唇膏色，使其相协调。

二、化妆工具的种类与选择

(一)化妆棉

化妆棉用于涂抹化妆水和卸妆。化妆棉分为脱脂棉和无纺布两种。其中,脱脂棉触感柔细,较厚实;无纺布触感较粗,相对较薄。

(二)棉签

棉签用于修改妆容的瑕疵。在眼线画重、睫毛膏沾到皮肤上、唇膏擦拭等情况都可以用棉签予以矫正。

(三)化妆海绵

化妆海绵是日常生活中广泛用于涂抹粉底的化妆工具,应选择质地细密,触感柔软的。一般有不同形状的选择,三角形化妆海绵用于细小位置的处理,圆形化妆海绵适合大面积的涂抹,水滴形化妆海绵兼顾以上两种,使用时可配合喷壶。

(四)粉扑

粉扑可分干粉扑和湿粉扑两种。干粉扑用于较厚实的粉底定妆和衬垫手指,防止蹭脏妆面,触感柔和。湿粉扑用于蘸取粉底液或干湿两用粉饼,多为合成橡胶,附着力出色。

粉扑

(五)修眉刀

修眉刀主要用于修饰眉形,去除杂乱多余的眉毛。

(六)眉剪

眉剪主要用于修饰眉毛,剪掉过长或下垂的眉毛。

(七)美目贴

美目贴主要用于塑造双眼皮,矫正眼形。

(八)睫毛夹

睫毛夹用于使睫毛卷曲上翘。睫毛夹可分为全眼式和局部式两种。其使用材质一般有塑胶材质和金属材质,塑胶材质的睫毛夹轻巧但夹睫毛力度不够;金属材质的睫毛夹结实好用,夹睫毛力度比塑胶的大,如果使用不当容易夹到眼皮。

(九)假睫毛

假睫毛用于眼部,强化睫毛的修饰,增加眼睛神采,塑造不同眼妆效果。一般根据妆容特点选择合适的假睫毛。

(十)化妆刷

根据刷毛材质分类,化妆刷分为动物毛和人造毛两类。其中,动物毛一般有山羊毛、马毛等种类。化妆刷也有各种各样不同规格的套刷,根据不同的需求进行选择(表2-15)。对于日常妆容来说,一般有以下几种基础刷就足够使用,不用盲目跟风购买。

化妆刷种类和说明　　表 2-15

种类	说明	图片
散粉刷	一般选用整体呈比较松散的火苗形刷,毛质偏厚,毛量丰富,不会给皮肤带来刺激。蘸散粉后,按压定妆,起定妆作用。选舒适的动物毛更柔软且有抓附力,上粉更均匀	
粉底刷	推荐使用不吃粉的人造纤维刷毛,其柔韧性和弹力好,于底妆时使用。粉底刷一般分扁头、斜头、圆头和平头四种。操作时,蘸取粉底后从内轮廓往外轮廓反复刷匀就可以,对于新手来说,容易有刷痕,可配合海绵按压,过渡效果更好	
腮红刷	腮红刷一般有斜面、舌形状等,选择松散的优质动物毛更加柔软。腮红刷要感受到弹力,以画圆圈的方式轻扫或者叠加腮红,修饰脸型,增加气色	
修容刷	修容刷一般有面部阴影修容刷、鼻侧影刷。修容刷用于增强面部立体度,修饰脸型和鼻形,调整五官视觉比例。面部修容主要在颧骨、下颌骨、面颊额头等部位,因此斜角的设计更能贴合面部轮廓。鼻侧影刷也分斜角形、火苗形、圆形,新手最好买斜角的,比较能贴合鼻形	
高光刷	高光刷一般有火苗形、扇形,用于提亮突出,增强五官立体度,使其饱满、光泽	
眼影刷	大号眼影刷:用于上眼影的基本色,眼窝和眼下的打底	

续上表

种类	说明	图片
眼影刷	晕染眼影刷：刷毛较窄，呈圆形，可以将眼影自然晕染，达到色彩调和及晕染过渡的效果	
	中号眼影刷：适用于眼睑小范围上色，铺色面积小，适合上色	
	小号眼影刷：适用于细节处眼妆处理以及晕染，加深眼窝或者双眼皮效果	
遮瑕刷	一端扁头，一端比较细长，主要用于面部细节处精准覆盖瑕疵问题皮肤进行遮瑕，所以使用薄且具有弹性的人造纤维刷更好	
眼线刷	眼线刷是辅助眼线类产品，常为细薄、扁平的刷子，比较适合画出精致的线条	
眉梳和眉刷	眉梳一般呈螺旋状，可用来刷掉多余的眉粉，以及睫毛上的结块物； 眉刷主要用于蘸取粉状或者蜡状的画眉产品给眉毛上底色，修饰眉毛	
唇刷	蘸取红，修饰唇部，调整唇形，一般人造纤维居多	

单元任务

把自己现有的化妆品和工具都归类罗列下来,对其功能和使用范围进行描述。

化妆工具类名称	功能	使用范围

单元2.3　面部结构分析及职业妆化妆技巧

1. 了解面部美学基础知识和着装的要点。
2. 了解妆前流程和化妆步骤。
3. 掌握职业淡妆技巧。

学习重难点

重点:妆前流程和化妆步骤。

难点:职业淡妆技巧。

单元知识

一、面部结构分析与妆前护理

在面部美学中,根据每个人的面部轮廓和框架结构,有“三庭五眼”的说法,而正中垂直轴上又有“四高三低”的说法,这符合亚洲审美的面部标准比例。那么什么是“三庭五眼”“四高三低”呢?

(一)面部标准比例

1.“三庭”

通过眉弓作一条水平线,通过鼻翼下沿作一条平行线,这样,两条平行线将脸分成了三个部分,这三个部分就叫作“三庭”。从发际线到眉心处为上庭,从眉心处到鼻翼下缘处为中庭,从鼻翼下缘处到下巴尖为下庭,这三个部分恰好各占三分之一。

面部美学比例

2.“五眼”

将面部纵向分成五等分,以一个眼长为一个等分,整个面部纵向分为五个眼睛的距离;眼睛外侧到同侧发际线边缘刚好一个眼睛的长度,两个眼睛之间也是一个眼睛的长度,另一侧眼睛边缘到同侧发际线的距离也是一个眼睛的长度,即“五眼”。

(二)面部美学标准

1.“四高”

四个高点分别是额部、鼻头、唇珠、下巴。

2."三低"

"三低":两眼之间稍稍凹一点,即山根不能太低;人中沟为一低;下唇的下方,有个小小的凹陷,为一低。

符合"三庭五眼"和"四高三低"美学标准的面容是符合审美和谐的面容,从美学标准来看,面部长度与宽度的比例为1.618:1,这也符合黄金分割的比例,面部黄金比例是额头到眉毛、眉毛到鼻尖、鼻尖到下巴这三部分的比例为1:1:1。

正是因为每个人面部比例的不一样,所以有不同的脸型,我们只有了解自己的面部结构才能在形象修饰中扬长避短,呈现最佳状态。

二、脸型特点

不同脸型特点见表2-16。

不同脸型特点　　表2-16

类型	特点	图片
椭圆脸	椭圆脸是最均匀理想的脸型,俗称"鹅蛋脸",是传统审美眼光中的标准脸型。 脸型特点:额头与颧骨基本等宽,下颌略窄于额头和颧骨,腮骨不方,下颌线条弧度柔美,脸宽约是脸长的2/3	
倒三角形脸	倒三角形脸又称"瓜子脸",符合现代审美,一般拥有倒三角形脸的人脸型都比较瘦,如果五官精致一些就会很惊艳。 脸型特点:重心在上半张脸,额头宽阔、饱满,脸颊消瘦、下颌窄,下巴既窄又尖	
圆形脸	圆形脸比较减龄,面部的骨骼结构不明显,面部肌肉比较饱满,显得活泼可爱。 脸型特点:额头、下颌宽度基本相同,颧骨略微宽于头,下颌圆润没有棱角,下巴圆润饱满,面部长宽比接近1:1,显幼态	
方形脸	方形脸轮廓分明,极具现代感,给人意志坚定的印象,对于女性来说会显得不够柔和。 脸型特点:额头、颧骨、下颌宽度基本相同,整体四四方方;下颌骨方正突出,骨骼感明显;下巴短而方正;面部长宽比接近1:1	

续上表

类型	特点	图片
长方形脸	瘦长是长方形脸最明显的标志，它是在方形脸的基础上拉长了长度，其他特点和方形脸相近，显得比较冷峻、理智。 脸型特点：额头、颧骨、下颌宽度基本相同，下颌骨方正突出，骨骼感明显；脸的长度远超过宽度	
菱形脸	菱形脸一般面部较为清瘦，外轮廓凹凸明显，面部富有立体感。 脸型特点：额头和下颌比较窄；颧骨突出，它是全脸最宽的地方；太阳穴凹陷；下巴窄尖	

脸型的定义和区分并不严格，混合型脸也是很常见的，需要结合脸型的特点和适合的修饰方法，针对性地选择适合自己的修饰方法。

三、妆前护理要点

妆前护理是为了使皮肤较水润，方便后续上妆，使底妆不起皮、不卡粉。因此，选择具有保湿功效的水乳即可。

(1)对于特别干的皮肤，可以在妆前敷一片保湿面膜，但敷完面膜一定要用清水洗净，再涂水乳，待护肤品吸收后再上妆，否则底妆容易搓泥。妆前不要用含有海藻酸钠的精华或水乳，一般很厚的精华液都含这个成分，该成分遇到粉底必搓泥一定要用乳液或者面霜锁水。若只用水或者喷雾补水的话这些水在蒸发时会带走皮肤表面的水分，使皮肤更干燥。

(2)选择合适的妆前乳或者隔离霜，妆前乳含有保湿成分，主要有修饰调整肤色、遮盖毛孔的效果，让妆容更持久，增强粉底和彩妆的附妆能力。就皮肤的防护效果而言，隔离霜一般用于修饰皮肤提亮肤色、隔离彩妆和空气中的有害物质，大多含有防晒值，可有效抵挡辐射和紫外线；妆前乳也有防晒、隔离效果，只是妆前乳以修饰为主，而隔离霜以隔离为主，通常颜色偏多。

(3)防晒作为妆前护肤的最后一步，防晒霜属护肤品范畴，吸附皮肤表面后形成一层保护膜，起到隔离紫外线的作用，要等防晒成膜后再进行后续化妆，可妆前厚涂一层润唇膏，涂口红前再擦掉多余的润唇膏，涂口红时唇部不干燥。

四、化妆的程序与步骤

妆前保湿后选择合适的防晒,妆前护理就完成了,接下来进行后续的化妆。彩妆的第一步就是选择适合自己的隔离霜,用来隔离彩妆、调整肤色。

化妆步骤

第一步,隔离。可以根据肤色进行选择:

(1)紫色——适合发黄皮肤的修饰。

(2)绿色——适合发红皮肤的修饰,例如痘痘红血丝问题肌肤的修饰。

(3)米白色或者肤色——用于皮肤偏暗沉的修饰。

第二步,遮瑕。建议新手买三色遮瑕,打开后可以自己按肤色进行调节:一个比皮肤颜色白用于提亮作用;一个比皮肤颜色略深,用于遮盖痘印斑点;一个偏橘粉色,用于遮盖黑眼圈。

女士职业妆
化妆步骤

第三步,粉底。根据皮肤的肤质和颜色,选择适合的粉底颜色和质地,不要盲目跟风。一般有粉底液、粉霜、粉饼等;先根据自己喜欢的妆效(如水光肌、亚光妆效),选择适合自己的粉底,根据皮肤肤质进行挑选,挑选过程中我们要看粉底的持妆程度、暗沉程度、延展程度、遮瑕程度,从中选择肤感好的性价比最佳的粉底。

第四步,定妆。定妆隔离一般有散粉、定妆喷雾。一般喷雾出来的妆效都是有光泽的。散粉定妆呈亚光效果,可以搭配大的散粉刷,按压容易出油的皮肤部分。

第五步,眉毛的修饰。根据“三庭五眼”比例,根据脸型画适合的眉毛。

第六步,眼妆。

(1)眼影,选择好眼影产品后,首先使用浅色大面积打底,然后用深一点的颜色从睫毛根部开始晕染,最后用亮色进行提亮眼头或者眼皮中央。

(2)眼线:根据妆效选择眼线产品,防水不晕妆的,生活妆建议选深棕色、黑茶色。

(3)睫毛:先用睫毛夹将睫毛夹翘,再使用睫毛打底产品打底,保持睫毛卷翘程度,最后用睫毛膏,睫毛膏按需求使用(纤长型/浓密型)。

第七步,修容。

(1)阴影:建议选择双色修容,增加立体度,用于面部和鼻侧影修饰。

(2)提亮:主要提亮有凹陷的地方和面部T区,修饰和突出立体度。

第八步,腮红。

日常腮红修饰一般从颧骨方向到面中,由深到浅地轻扫、点涂、拍压(膏状和液体腮红),起到修饰脸型、增加气色的作用。

第九步,口红。选择滋润不张扬的颜色,用唇刷描画好唇形,然后涂抹均匀,搭配同色唇线笔先勾勒好唇形会更显精致。

五、女士职业妆设计

女士职业妆特点：精细、淡雅、端庄、精致，见表2-17。

女士职业妆设计　　表2-17

化妆用品	化妆要点	图片	资源
粉底	少量多次，要轻薄自然，不能假面厚重		女士职业妆粉底
遮瑕	蘸取遮瑕膏涂抹在黑眼圈的地方、眼袋泪沟以及皮肤暗沉处需要提亮之处，法令纹及嘴角应精准修饰，不要大范围满脸涂		女士职业妆遮瑕
眼妆	精致原则： (1)眼影。选用大地色系眼影，用浅色的眼影打底，第二层用浅棕咖色系过渡到眼皮的50%～70%，有消肿的效果，再用深棕色着重眼尾的1/2处，不超过双眼皮褶皱处，凸显眼睛立体度、深邃感和层次感。 (2)眼线。略微上扬，前细后粗，增加气质，不用太挑。 (3)睫毛。自然卷翘，顺着睫毛增长方向刷睫毛，要根根分明	眼影 眼线 睫毛	女士职业妆眼影 女士职业妆眼线 女士职业妆睫毛

续上表

化妆用品	化妆要点	图片	资源
眉形	遵循自然柔和的原则。 (1)眉毛的画法:以描画自然标准眉形居多,带有一定弧度体现优雅气质。 眉头的位置略比内眼角的位置要延长一点,斜向上生长;眉腰稍平缓斜向爬坡生长。 (2)眉峰的位置;当眼睛平视前方时,在眼球的边缘外侧和外眼角的地方可以移动处,眉峰是眉毛的最高点,也是眉毛生长方向的转折点。 (3)眉尾:鼻翼和外眼角的延长上。斜着向下收尾,是最细的		女士职业妆 眉形
腮红	可横向或纵向打腮红,自然色,应根据服装、整体妆容来搭配		女士职业妆 腮红
唇部	不干裂,滋润,唇峰略带棱角,唇角上扬有微笑感,根据职业妆衣服的颜色或者妆容来搭配选择颜色,不能太突兀		女士职业妆 唇部

六、男士职业妆设计

男士职业妆主要用于商务场合,以自然、精神为主,相较于女士职业妆容设计,男士职业妆设计的重点在妆前护理。

男士职业妆
化妆步骤

男士的皮肤角质层较厚,容易粗糙,出油旺盛,皮肤毛孔较大,容易有皮肤问题,因此,男士护肤的首要是清洁皮肤,为拥有健康的皮肤,可选用男士专用的洁面产品。另外,剃须后的皮肤护理也是男士护肤的重要步骤。剃须后,皮肤上都会有些肉眼上看不到的小伤口,因此,剃须后的处理也是男士护肤的独有环节。洁面后或者剃须后可使用紧肤水,能清除表皮残余油脂、收敛皮肤毛孔并保持皮肤弱酸性的 pH 值,有些含保湿因子的紧肤水更能进一步柔化皮肤。完成这些步骤后,再进行润肤。有的男士讨厌面部护肤品“糊”着的感觉,可以选用清爽型的润肤霜。清爽型的润肤露,不油腻,让脸部感觉轻松并迅速渗透,形成一层保护膜,有效锁住肌肤内水分,给肌肤持久的润泽。

男士职业妆特点:自然、清爽、整洁、精神,见表 2-18。

男士职业妆设计 表 2-18

化妆用品	化妆要点	图片	资源
粉底	最常用的是男士粉底,BB 霜容易暗沉,脱妆,而且没有更多色号选择。男士粉底一般选用和自己脖子色号相近的底妆产品,解决毛孔瑕疵问题,体现自然肤色,呈现健康皮肤质感。如果带妆时间比较短,或者是干性皮肤,可以不用定妆,降低脸上的粉感;如果油皮,则可以用定妆喷雾或者透明无色的散粉进行定妆		男士职业妆 粉底
遮瑕	如果在底妆后,脸上还有黑眼圈、痘痘、红血丝、色斑等瑕疵问题,那就要考虑使用遮瑕了,作为男士有点微瑕疵更自然		男士职业妆 遮瑕
眉毛	眉毛是男士妆容的点睛之笔,好的眉形更凸显面部整洁和整体气质。一周修一次眉很有用,眉笔填充完眉毛后,记得用眉刷梳几下能让眉毛更加柔和、自然。男士眉毛大多比女士浓密且粗犷,建议选灰黑色眉笔。如果是染发、烫发的男士,眉笔颜色一定要选跟自己发色相近的		男士职业妆 眉毛
唇部	不干裂,选一些男士专用的润唇膏,健康自然		男士职业妆 唇部

单元任务

脸型自测:通过数据了解脸型,每一步都记录属于自己的数字。

第一步 判断脸上最宽的部位( )	前额宽 1	颊骨宽 2	下颚宽 3
第二步 测量三庭( )	前庭	中庭	下庭
第三步 比较脸的长度与宽度的对比 ( )	长大于宽 1	长大于或等于宽 2	

续上表

第四步 比较前额最宽和下颌最宽（　　）	前额 = 下颌 1	前额 > 下颌 2	前额 < 下颌 3
第五步 确定下巴轮廓（　　）	尖下巴 1	方下巴 2	圆下巴 3

倒三角形脸:1121、1221、1111、1221

椭圆脸:1113、1213、1123、1223

圆形脸:2113、2213、2123、2223

方形脸:3211、3212、3213、3231、3232、3233

菱形脸:2211、2212、2221、2222、2223、2121

长方形脸:1111、1121、1113、1123、1122、1112

模块拓展

不易脱妆小妙招

不管男女,化妆后脱妆、浮粉、斑驳都让人感到头疼,所以做好定妆这一步非常重要。在特殊的环境下有时候需要妆效持久,下面推荐两个底妆定妆技巧。

1. 烘焙定妆法

烘焙定妆法是指利用散粉充分吸收脸上和底妆中的油分,让底妆长时间保持干净清爽的方法。上完粉底之后,先在出油较多的地方铺上厚厚的散粉,静置 5 ~ 10min,再把多余的散粉扫掉。

2. 三明治底妆法

如果没有那么多时间进行烘焙定妆的话,可以选择用三明治底妆法替代。具体方法就是:上粉底之前先上一层散粉或者定妆喷雾,之后根据自己的出油程度选择是否在上粉底后再加散粉或者定妆喷雾。先上散粉定妆产品再上粉底,可以吸附脸上多余的油脂,也可以起到抚平毛孔的作用,达到底妆更牢固的效果。

这两种方法固然比采用正常定妆步骤更持久,但是妆感也较为厚重,适用于带妆长的环境或者特定妆容情况下,大家可根据自己的情况选择。

1. 课堂收获

结合本模块内容,我学到了什么?

2. 反思感悟

结合本模块学习,反思我的问题是什么?我应该怎么做?

模块3
发型塑造

发型在五官量感的修饰中起到了决定性因素。即将实习的李同学在罗老师指导下看了不同发型对脸型的修饰后，才知道以前只注重局部，忽视了整体形象的塑造是不可取的。接下来，我们一起和她来了解如何修饰发型吧！

了解自身发型所体现的职业特点和行业规范；通过学习提升自身的审美能力、设计能力以及实际动手能力，将自身发型管理转化为发型审美的文化认同和职业认同，进而实现德育价值的落地。

单元 3.1　发型的基本要求

1. 了解发型对形象塑造的重要性。
2. 掌握头发的修饰和基本要求。

重点：发型的基本要求。
难点：头发的修饰。

单元知识

一、职场女士发型要求

(1) 短发：头发长度不超过颈部，短发需梳理整齐、碎发固定。

(2) 中发：头发的长度为不超过肩部，中发可披散头发或在脑后扎起来。

(3) 长发：超过肩部的头发为长发。长发需要束起或盘发。

无论是短发、中发、长发，都应避免头发的毛躁，刘海不遮盖眉眼，头发的颜色，以保守为主。如果需要染色，可以选择比较自然、保守的颜色，如棕色、深咖色、栗色等。如果个人角色是文艺工作者、自由工作者或者其他特殊职业与角色者，可以适当调整，不能一概而论。

二、职场男士发型要求

(1) 定期清洗头发，保持头发的整洁，使用梳子整理头发，使其规整，头发应不粘连、不油腻、无头皮屑、无汗味。男士可视情况使用定型产品，以固定毛躁的头发，不烫染夸张、怪异的颜色。

(2) 选择合适的发型；头发长度需要达到前发不覆额、侧发不遮耳、后发不触领。短发最短不得为零，一般不建议剃光头发(生理原因光头的除外)。

三、发型的修饰与发际线调整

职业礼仪发型有一定专业要求，需参照一定的规范和标准，与生活发型及其他时尚发型是有区别的。发际线后移及发缝、部分头发缺失等头发问题很容易暴露，影响美观，日常中除了多注重发质调养以外，可利用发际线粉或者发际线棒去调整，从而达到更好的视觉效果。

使用发际线粉的原理和眉粉一样，就是用带颜色的粉末在皮肤上画出颜色。因此，要选择有品质、有保障的产品，在头部需要修饰部位进行涂抹。额头靠近鬓角发际线部位可参照“三庭五眼”的比例进行少量多次的涂抹，以达到自然修饰的目的。

单元任务

掌握发际线粉运用	修饰前(实拍照片)	修饰后(实拍照片)
发际线部位		
其他部位		

单元3.2　发质的护理

学习目标

1. 了解不同发质特点和科学养护。
2. 了解各造型用品的功能。
3. 掌握挑选造型产品的方法。

学习重难点

重点:发质特点及科学养护。
难点:根据发质挑选造型产品的方法。

单元知识

一、不同类型发质特点

不同类型发质特点见表3-1。

不同类型发质特点　　表3-1

类型	特点
干性发质	头发无光泽、毛躁,容易缠结,梳理、造型困难
油性发质	头发柔软、无力、黏腻,造型及梳理困难,洗发后很快变得油腻
混合型发质	发根油腻,发干枯燥,面部T区和前胸、背部油腻,易长痘
中性发质	发丝亮泽、柔软,无头屑、少瘙痒,头发定型好,脱发数量少

二、不同发质的护理

不同发质的护理见表3-2。

不同发质的护理　　表3-2

类型	护理	图片
干性发质	多食用富含植物脂油的食物,多食用蔬菜水果; 坚果类:几乎所有坚果类; 水果类:牛油果、橄榄等; 使用合适的护发素、营养发膜、护发精油、水疗; 注意防晒; 饮食上清淡、少盐	

续上表

类型	护理	图片
油性发质	多补充水分,补水有利于控油; 多吃蔬菜、水果; 使用控油清爽的洗发产品; 少吃油腻食物,保持良好作息,少熬夜	
混合性发质	增加黑色食物摄入量; 注意发根和头皮的清洁,发梢要注意保湿补水; 使用温和控油的洗发产品+发膜+护发精油; 少吃油腻食品	
中性发质	中性发质是最健康的发质,保持日常良好的作息; 少吃油腻食品,不要熬夜、不要暴晒,做好头皮养护,预防头皮亚健康	

三、造型产品分类

现在市场上定型产品很多,五花八门,如发胶、发蜡、发泥、定型啫喱、定型喷雾等,它们究竟有何区别?现在来认识一下市场上的常见造型产品。常见造型产品主要分为塑形产品、定型产品、辅助产品等。

(1)塑形产品主要有摩丝、啫喱膏(水)、发蜡、发泥、发油五类,其作用是改变头发的方向,可以做出不同造型,见表3-3。

塑形产品分类及特点 表3-3

塑形产品	特点	图片
摩丝	摩丝是最早的塑形产品,现在市面上日常用得不多,一般都是泡沫状,湿度很大,造型能力强,但是过于简单粗暴,一般用于商务男士的偏分发型,或者大背头。另外,长发的女士或者特殊造型也会采用摩丝定型	
啫喱膏(水)	啫喱膏(水)是摩丝的进化版本,用起来比较清爽,操控感好一些,适合打理碎发,塑形效果一般	

续上表

塑形产品	特点	图片
发蜡	发蜡的定型能力属于中等，能够营造发型层次感。用发蜡揉搓发尾，可以增强纹理感或加强头发根部支撑度	
发泥	发泥是改良型的发蜡，质感相对较硬，能让头发保持亚光亮度，看起来更加自然，适合短发造型	
发油	使用发油，头发会非常柔顺，油亮、有光，像抛光打蜡那般，但是不会造成头发干燥或者变硬	

(2)定型产品：常见的定型产品有定型喷雾以及干胶、湿胶。当发型做好后，用其固定头发造型。

①定型喷雾以及干胶。其特点是快干且定型效果好，可以增加头发的硬度，维持造型。一般在做完整体造型后，使用喷雾进行加固。

②湿胶。湿胶干得较慢，光泽度较强，便于携带，作用就是定型。

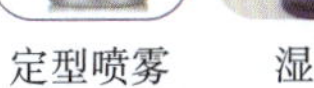

定型喷雾　湿胶

(3)辅助产品：少数人用的辅助产品，可帮助细软、扁塌的头发变得蓬松起来，如蓬松水、海盐水、蓬松粉。蓬松产品用在发根，减少头皮油脂，使软塌的头发蓬松起来。这类产品需要搭配其他产品一起使用。

蓬松水

单元任务

发质类型	护理周期与护理心得	现有造型产品用途

单元3.3　发型的修饰技巧

1. 了解发型工具对发型修饰的重要性。
2. 了解造型工具的使用技巧。
3. 掌握头发造型的基础手法。

重点：造型工具的使用技巧。
难点：头发造型的基础手法。

单元知识

一、造型工具使用技巧

（一）吹风机使用技巧

吹头发是一门技术活。吹得好，可以让秀发顺滑，有光泽；吹得不好，头发炸毛、枯燥、无光泽。那么我们如何在不伤头发的同时又能把头发及时吹干呢？对比平时我们生活中经常会出现的错误做法，总结如下。

正确吹发技巧1：在吹头发之前，最好先用毛巾将头发拍至微干，吸去多余的水分。这样可保证头发的颜色饱满、质地光滑

正确吹发技巧2：吹头发时，吹风机和头发的距离应保持在30cm左右，以免伤害头发。随时移动吹风机，避免长期聚焦一个位置吹发，高温易烧伤头发，使头发变得干枯毛躁。

正确吹风技巧3：在将头发吹干至80%的时候，将吹风机切换至凉风。凉风比热风更能密封发丝角质层，锁住水分，让头发健康、有光泽。

正确吹发技巧4：顺着头发生长的方向吹会让毛鳞片闭合，不仅能够保持秀发的光泽感和顺滑度，还能够保持毛鳞片的平整，有一定的护发效果。

（二）吹风机的使用误区

误区1：洗完头发立刻吹。刚洗完的头发含有大量的水分，发丝上面的毛鳞片都是张开的，这时吹头发有可能会使毛鳞片受到损伤，头发因此变得干枯、毛躁，不利于保养。

误区2：吹风机离头发过近。

吹风机离头发过近，其高温会加速头发水分的流失，尤其容易使发根受到损伤，造成发根干枯和分叉。

误区3：长时间使用一个吹风模式。一般吹风机是可以调控热度的，但是很多人为了能够头发快速干，长时间使用高温吹头发，不切换吹风模式会让头皮、头发变干。

误区4：倒吹头发。由于湿头发的毛鳞片是张开的，如果倒吹会让毛鳞片张开，导致越吹越毛躁，头发枯黄。

二、梳理工具使用技巧

在日常生活造型中，因各种发质的不一样，挑选合适的造型梳能达到不同的造型效果。常用造型梳主要有以下几种。

（一）排骨梳

排骨梳是男女日常发型中应用最广泛的一种造型工具，因结构特殊，外观上一边是梳毛，背面是洞口骨架的设计而得名。排骨梳间距较宽且稀疏，主要用来整理表面的发丝，以及蓬松度处理，相对较实用。因为梳齿不是很紧密，主要用梳齿的前半段吹线条或角度，使头发充满蓬松的空气感，特别是扁塌或发量偏少者，以及男士吹风造型，日常女士的长直发，一把排骨梳就可以完成日常打理。

排骨梳使用技巧

排骨梳

排骨梳造型

排骨梳使用技巧：使用排骨梳前，头发稍微用毛巾擦干，准备好吹风机，将排骨梳放平，从发根位置往里推，然后往回拉，使发根立起来，吹风机平行送风，热风送到发根的位置，然后冷风定型，依次分区操作，这样就可以完成一个日常蓬松的造型了。

圆筒梳使用技巧

（二）圆筒梳

圆筒梳的外观像滚筒的圆柱形，圆筒都有梳齿相对比较密，它是所有梳子里最适合做造型的一类梳子，在长发及其女士造型时用得比较多。360°都可使用且抓发力较强，搭配吹风机使用，能够轻松地完成各种卷度或者蓬松的造型，也能将毛躁的头发拉直柔顺。

圆筒梳的使用技巧见表3-4。

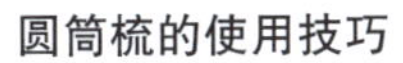
圆筒梳的使用技巧　　表3-4

造型	用法	图片
吹内扣	先将头发分束，分好一束头发后，头发发尾往内卷，梳子往下拉紧，吹风机由上往下冷热风送风吹整定型	
吹直	梳子从每一片发束内侧梳起，随着吹风机一起缓慢下移，风口向下顺着毛鳞片方向吹，头发才会直，并且有亮泽	
蓬松头顶	将头顶的发束拉高成90°，梳子从发根卷到中段，保留发尾，吹风机由下往上吹头发内层，加强发根支撑力	

（三）气垫梳

气垫梳

气垫梳是很常用的一种梳子，它的梳齿前段呈圆珠状，而梳子内层则是带有缓冲效果的气垫，因为增加了气垫板的保护，所以有效降低了对头发的损伤，并且，因为有气垫缓冲效果，所以在梳头发的时候也有按摩头皮的效果。

宽齿扁梳

(四)宽齿扁梳

宽齿扁梳因为梳齿比较宽,适合刚烫发后的梳理,特别适合女士长发卷发,可以更好地维持上色,在头发还是湿的时候,使用宽齿扁梳能防止发尾打结。

尖尾梳

(五)尖尾梳

因梳子尾部尖细而命名的尖尾梳,主要用于给头发分区、分层,帮偏分发型,无论是大侧分、对角线偏分,还是全侧分,尖尾梳都是分缝的好工具。另外,在女士造型中,尖尾梳也能逆梳打毛,起到部分蓬松效果。

单元任务

以一周为练习周期,通过照片和录制视频拍摄对比,通过吹不同效果练习吹风技巧。

吹发练习	吹刘海/顶部蓬松	吹直	使用工具
第一天			
第二天			
第三天			
第四天			
第五天			
第六天			
第七天			
总结技巧			

单元3.4　男士商务发型的选择与修饰

学习目标

1. 了解男士商务形象重要性以及男士商务发型标准。
2. 了解男士常用商务发型，能根据脸型判断适合发型。

学习重难点

重点：男士商务发型标准。
难点：根据个人脸型打造适合发型。

单元知识

在商务礼仪中，男士要注意：不宜留长发，不染奇特颜色，经常修饰修理，头发留长3～7cm即可；前部的头发不要遮住眉毛，侧部的头发不要盖住耳朵，后部的头发不要长过西装或衬衣领子的上部；头发不要过厚，鬓角不要过长。

一、商务男士发型工具用品及使用手法

（1）用吹风机（热风）吹顶部发区的头发发根，起到蓬松的效果，方便后面轻松抓出头发纹理，特别是当发质较软时，一定要吹蓬头发，不然头发会因为后续发型产品的涂抹受到重量趴下来，使得整体发型没有精神感，显发量少。

（2）两边的杂乱参差不齐的头发，风口斜下45°用热风吹理发丝走向，方便我们之后的发型打理。

（3）挤出一块钱硬币大小的啫喱膏（可选用定型效果较强的发泥，可以更好地塑形，让头发更为伏贴）初次使用时可以采用少取多次的方式打造发型；双手涂抹发泥后用手分区梳理头发，打造出一缕一缕的发丝纹理感；两侧鬓角头发注意伏贴。

梳理头发

（4）最后根据发质软硬度选用合适定型指数的定型喷雾定型。

二、男士商务发型种类及修饰方法

（一）侧分

侧分发型是把头发分成发量不相等的两部分，在发量上形成鲜明对比。适合男士侧分的发型不少，简约的侧分让男士更显帅气有型，简约利落，提升个人魅力。日常修饰和打理的时候需要使用上述吹风技巧以及发型产品，增加纹理塑形效果（表3-5）。

不同侧分打理　　表 3-5

造型	打理	图片
一九侧分	该造型设计能使短发造型具有时髦复古感,如果梳理很整齐,极具绅士范	
二八侧分	该造型设计适合脸大或者脸圆的男士,在发量上形成对比,简约有气质,适合大部分商务场合	
三七侧分	该造型设计适合顶部稍微烫卷,更显灵动时髦	
四六侧分	该造型设计更适合年轻男生,显得有活力	

(二)平头

男士发型中最有型的莫过于平头造型。横平竖直的造型看起来特别精神,这也是很多中年男士比较钟爱的发型,适合所有的商务场合。

平头的日常打理与修饰可以借助发型定型产品,如定型喷雾能增加发丝硬度和亮度,更显精神

(三)短贴发

短贴发比平头略长,两侧头发剃短,根据头顶头发以及侧发的长度和层次不同,呈现不同的发型效果,如常说的飞机头、流行的栗子头、韩式短碎等。

短贴发的发型层次感更好,适合清爽型男,也广泛适合于商务场合。短贴发的日常打理与修饰可借助电夹板烫卷来打造纹理效果进行修饰,头顶的头发也可以抓出纹理感用定型产品定型。

如果发量有缺失或者发际线缺失的男士在日常发型打理的时候可选用发

际线粉进行修饰,少量多次用于头发根部,可在视觉效果上增加发量。

三、不同脸型商务男士发型

不同脸型商务男士发型打理见表3-6。

不同脸型商务男士发型打理 表3-6

造型	打理	图片
长方形脸	此类型男士脸部比例比较长,需注意头发长短的平衡感。 发型上不能过短,韩式纹理和盖额头的刘海也可以	三庭中1~2处偏长 用尺子测量脸长和脸宽的比例在1.5∶1 长方形脸 适合有刘海的发型,可以在视觉上缩短脸的长度,小长脸,可尝试薄寸这种不会增加脸长度的发型
鹅蛋形脸	如果是鹅蛋形脸男士,基本上任何发型都能驾驭住	脸部轮廓柔和 脸部的宽度是长度的2/3 鹅蛋形脸 几乎适合所有发型
心形脸	这种脸型额头比较饱满,下巴比较窄,尽量不要露出额头,喜欢油头的应选侧分而不要直接背头,适合很多发型	有美人尖 无美人尖 额头饱满,脸部比例中最宽 下巴都比较尖 从额头往下,脸部宽度逐渐变小 倒三角形脸/心形脸 几乎适合所有发型 但额头过宽过饱满可以选择有刘海的发型
正方形脸	正方形脸也称国字形脸,这种脸型的男士其下颌骨头的线条比较明显,超适合短又利落的发型风格,齐刘海是“地雷”,一定要避开	棱角分明 下颌骨较突出 额头、颧骨、下颌骨的宽度与脸最宽处的宽度几乎一致 正方形脸/国字脸 适合柔和的卷发和可以拆分头部比例的发型
菱形脸/钻石脸	菱形脸颧骨比较突出,下巴瘦削,适合可以丰盈太阳穴外置的发型和柔和的卷发	太阳穴较凹陷 颧骨较凸出 下巴瘦削 脸部颧骨处最宽 额头下巴都较窄 菱形脸/钻石脸 适合可以丰盈太阳穴位置的发型和柔和的卷发
圆形脸	圆形脸的脸部轮廓圆润柔和,脸部长宽比例大致接近,下巴圆润,适合拉长脸部线条比例的发型	脸部轮廓圆润柔和 脸部长宽比例大致接近 下巴圆润饱满 圆形脸 适合可以拉长脸部线条或重塑造脸部比例的发型 纵向的纹理烫、二八分的背头、飞机头等

单元任务

参照分类诊断自己的脸型,可以咨询你的发型师。

单元3.5 女士商务发型的选择与修饰

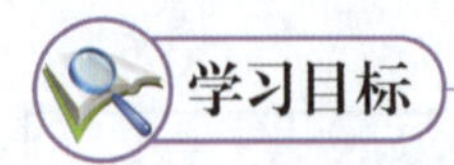

1. 了解女士商务发型的重要性和规范。
2. 掌握脸型与发型的选择技巧与修饰。

重点:女士商务发型规范。
难点:不同脸型与发型修饰技巧。

单元知识

女士商务发型基本要求是干净整洁、简单大方、朴素典雅。职场女士的头发长度最好不要超过肩部,或挡住眼睛。如果是长发,在庄重严肃的工作重要场合,则必须暂时将头发梳成发髻,盘起收好碎发,禁染奇异的颜色或怪异发型。

分层分区

空气感

一、女士商务发型工具使用及手法

商务职业发型是职业形象的重要组成部分,特别是服务性行业单位对发型要求更为严格,这里来重点介绍职业盘发的操作。

(一)所需工具

尖尾梳、隐形发网、皮筋、普通发夹和U形发夹、定型发胶。

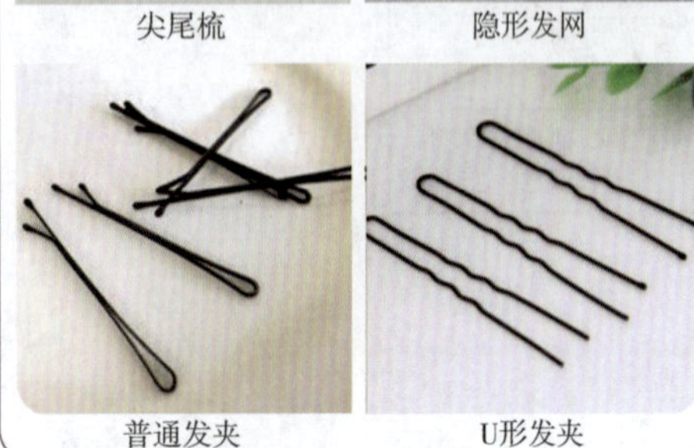

尖尾梳　隐形发网　普通发夹　U形发夹

(二)步骤

(1)用梳子梳顺头发。

(2)分层分区。

(3)扎马尾辫:注意下方的头发喷上发胶,用梳子将头发向后方梳齐,高度与耳朵稍齐平,稍做整理。

(4)制造空气感:用梳子将头顶的头发分片分别进行不同的打毛,喷上发胶将头发向后方整理,再用梳子梳齐,注意用力不要过大,并且对镜子检查,左右两边是否对称,头发是否光滑,有无碎头发。

(5)盘发髻:用发网将马尾全部包住,发髻呈螺旋状,用U形夹慢慢固定每部分头发,U形夹要顺着发髻头发垂直脑后部，到底端时再使它扭转平行于脑后部，插入皮筋所固定的轴心部分，这样的发髻才会固定稳定，最后尾部的头发也要完美地收紧到底端，用发夹固定，这样一个发髻就盘好了。

二、女士商务发型的种类及修饰方法

（一）女士长发

中发和长发能衬托出女性柔美、清新的气质，但应保持蓬松，不油腻，可以适当染棕色系，以增加层次感，加上淡雅妆容，营造出知性感，给个人魅力加分。一般根据工作环境和工作岗位，同时考虑自身长相、身高、发质等因素来确定发型的形状和细节。岗位不同，发型应展现的气质也不同。例如，服务性行业对于发型的要求偏高，银行从业人员需要将头发盘起，时尚行业对工作人员的要求是精致，有个人风格。女士长发一般在日常中比较常见的有披发、卷发、盘发、扎发、编发等，在正式商务场合需要将披发和卷发盘起或者扎发，不留碎发，符合商务礼仪要求，见表3-7。

不同女士头发打理　　表3-7

造型	打理	图片
披发	黑长直：经典的直发，是东方女性的典型装扮。黑长直很苛刻，很容易贴在头皮和脸上，对脸型和头型的要求较高 锁骨直发：不挑脸型和五官的锁骨发，恰到好处的长度避免头发过长的尴尬	
卷发	头发纹理烫：在不同长度直发基础上，通过外翻或者内扣不同的纹理烫，达到头发蓬松修饰脸型效果，不挑年龄，发型精致	内扣卷发 外翻卷发

盘发步骤

整体整理

顶部梳理

盘发髻

扎发

扎发技巧

高马尾

低马尾

半扎马尾

续上表

造型	打理	图片
盘发	先扎马尾再拧绕盘发。职业标准盘发属于比较严谨的发型,很适合正式场景,显得干练、利落,有气场	盘发
扎发	马尾:马尾包括高马尾、低马尾和半扎马尾三种。其中,半扎马尾更为日常用,既显温柔又显利落	高马尾 低马尾 半扎马尾

续上表

造型	打理	图片
编发	编发是整洁的一种发型，既包括双侧编发，也包括单侧编发。编发包括三加一编发、三加二编发。这种发型偏向于优雅，彰显女性魅力	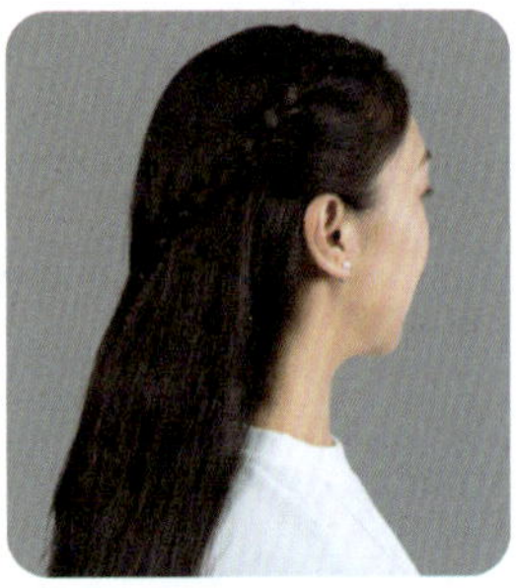 三加一编发 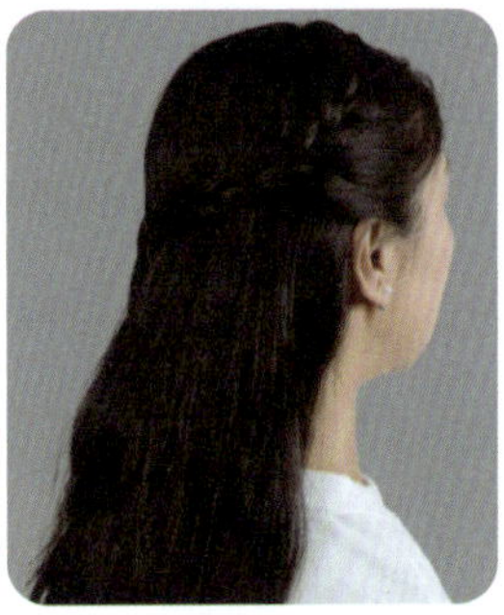 三加二编发

编发技巧

两股拧绳编发

三加一编发

三加二编发

（二）女士短发

短发有着易打理的特点，可直发，也可卷烫，发丝整洁、精致，搭配精致妆容则更显精神、利落气质。

几种女士短发设计见表3-8。

女士短发设计 表3-8

造型	打理	图片
超短发	有层次感的男士女发凸显五官轮廓，体现五官精致	
短款波波头	短款波波头清爽、俏丽，更凸显脸部轮廓，起到修饰脸型的小脸效果	

续上表

造型	打理	图片
侧分短发	齐下巴的侧分刘海短发带来十足的帅气感,突显爽朗个性,修饰额头及其脸型	
纹理烫短发	头发进行整体纹理烫,或者局部发尾内卷,显示出个人气质,职业范十足,凸显利落	发尾内扣

三、不同脸型职场女士发型

(1)圆形脸:尽量避免选择长度短于下巴的发型,才不会让脸看起来更圆。可以选择长直发、长刘海、短发和扎发修饰圆脸,让脸视觉效果看起来稍显长。

(2)椭圆形脸(鹅蛋脸):基本上椭圆形的鹅蛋脸适合所有的发型,但是中长发、轻微的大波浪和BOB这三种发型更能凸显该脸型优势。

(3)倒三角形脸(瓜子脸):不挑发型,基本上可以驾驭各种发型。

(4)方形脸:适合可以稍稍遮盖双颊的发型,如多层次的长发、长卷发,或是带有旁分短刘海的发型。

(5)菱形脸:适合增加高颅顶和加宽头顶两侧的发型以及短发造型,视觉上改善菱形缺点。

(6)正三角形脸(梨形脸):留适当鬓发修饰下颌,让脸型看起来更加流畅,注意不要留太多刘海。

(7)长方形脸:适合留刘海,斜刘海和空气刘海能起到视觉平衡的效果,适合过肩长发,发尾可以有卷,以修饰柔和五官。

单元任务

对吹风造型、任意卷棒造型、排骨梳造型分别进行实践操作，可通过拍照或录制视频看造型前后对比。

造型	吹风造型	卷棒造型	排骨梳造型
造型前			
造型后			

模块拓展

发型工具的选择与应用

电夹板使用技巧

发型工具除了吹风机和造型梳以外，还有各种辅助造型的电发工具。下面我们就一起了解日常常见的发型工具和应用效果。

一、夹板类

（一）电夹板的种类及效果

1. 直夹板

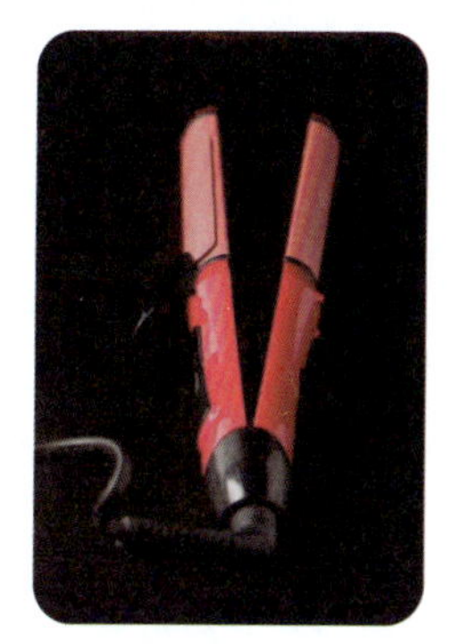

直夹板

使用直夹板把头发拉直，使头发柔顺有光泽，卷发梢是微卷的效果，较为自然。运用在男士造型中可打造微卷灵动的纹理，丰富层次，富有时尚感。

2. 波浪夹板

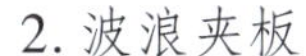

波浪夹板主要对头发起蓬松作用，适合细软、扁塌发质，一般用在发根处以及头发内层。

波浪发

直发

（二）电夹板的使用方法

（1）直发造型：主要内扣打造C形纹理。

（2）卷发造型：水波纹纹理。

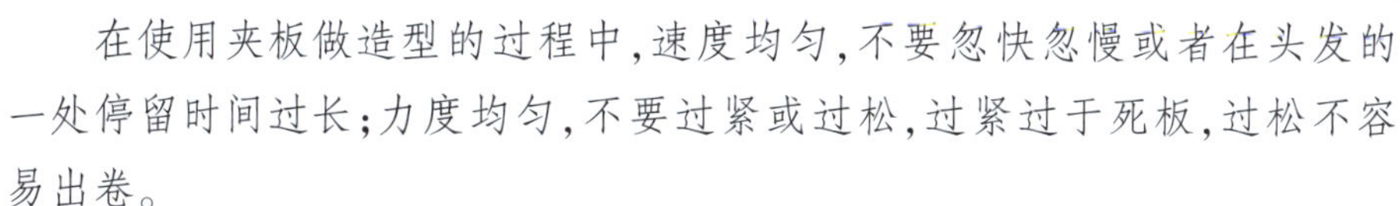

在使用夹板做造型的过程中，速度均匀，不要忽快忽慢或者在头发的一处停留时间过长；力度均匀，不要过紧或过松，过紧过于死板，过松不容易出卷。

波浪夹板

二、卷棒类

（一）电卷棒的种类及效果

（1）大号：32号至38号电卷棒有微卷的效果，营造大波浪，使头发富有弹性，但是持久性不强。

（2）中号：22号至28号电卷棒的卷度大小适中，给人一种端庄优雅的感觉，一般在盘发前使用，增加丰盈感和发型饱满度。

电卷棒

(3)小号:9号至13号电卷棒的卷度时尚感更强,更蓬松自然,适合发量少或者时尚类发型。

(4)U形棒:又称蛋卷棒,做出很卷的S形,是日韩造型散发的流行利器,打造复古潮酷造型。

电卷棒的使用技巧

(二)电卷棒的使用方法

(1)内扣:清新可爱。

(2)外翻:复古性感。

(3)旋转缠绕:把头发扭成一股缠绕在卷棒上烫。

内扣

外翻

旋转缠绕

1. 课堂收获

结合本模块内容,我学到了什么?

2. 反思感悟

结合本模块学习,反思我的问题是什么?我应该怎么做?

模块4
服饰塑造

小雪是一个身材小巧玲珑的女孩,喜欢鲜艳的颜色和夸张的饰物,她衣橱里的服装也多是五颜六色的,但却总被朋友说她的衣服颜色衬得脸色特别不好,款式也过于肥大。这是为什么呢?让我们一起进入服饰搭配模块,来帮她找找原因吧。

通过本模块的学习,分析自己的形象,根据自身着装所处职业环境形成动静态展示,运用服饰搭配技巧,掌握服饰形象塑造方法,在提升服饰审美能力和综合素质的同时,呈现属于自我的美丽与魅力,突显职业特点和规范,助力打造更加自信的自我!

单元4.1　服饰色彩搭配

学习目标

1. 了解形象塑造的色彩，明确色彩的分类和特性。

2. 了解形象塑造的季节色彩，能够运用季节色彩找到属于自己的专属色彩。

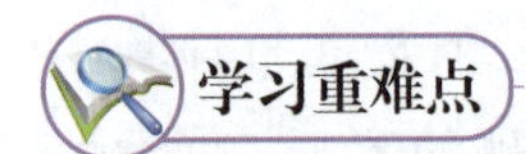

学习重难点

重点：掌握季节色彩。

难点：了解形象塑造的季节色彩分类，能够运用季节色彩找到属于自己的专属色彩。

单元知识

一、色彩的基础知识

（一）认识色彩

色彩可定义为通过视觉对光产生的知觉现象。色彩作为设计里最清晰、最强烈、最刺激的要素，有着最早被意识到并保持持续记忆的倾向。当一个人从远处向你走来时，首先映入眼帘的是服装的色彩，其次是这个人的轮廓、面容，最后才是款式、花纹或其他饰物。

色彩具有引导情绪的作用。色彩可以唤起人们有意识或无意识的生理反应和心理反应。对于色彩给出的，人们会给出喜欢或讨厌之类的评价。这些评价主要是基于我们的个人偏好、生活环境以及生活经验给出的。色彩的感觉因人而异，了解色彩将有助于人们在很多领域里进行应用。

（二）色彩属性

人类所能感知的色彩可以分成有彩色系和无彩色系。不同明度和纯度的红、橙、黄、绿、青、蓝、紫色调都属于有彩色系。无彩色系是指白色、黑色和由白色黑色调和形成的各种深浅不同的灰色。所有的色彩都具有基本的三个属性，即色相、明度和纯度。

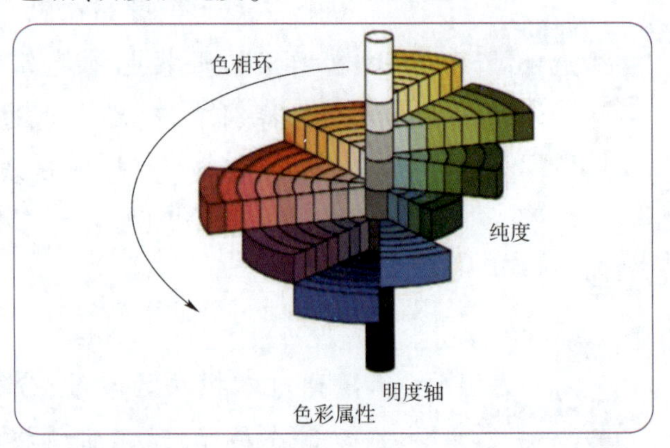

色彩属性

1. 色相

色相（Hue），又称色彩的名称。在色彩的三个属性中，色相用于区分颜色。根据光的不同波长，十二基本色相按光谱顺序分为红、橙红、黄橙、黄、黄绿、绿、绿蓝、蓝绿、蓝、蓝紫、紫和紫红。

2. 明度

明度（Value）是指色彩的明暗或深浅程度。明度高的色彩比较明亮，明度低的色彩比较灰暗。

3. 纯度

纯度（Chroma），又叫彩度，是指色彩的饱和程度或色彩的纯净程度。色彩的纯度显现在有彩色系中。纯度越高，颜色越鲜艳；纯度越低，颜色越混浊。高明度、高纯度的色彩给人以活泼、明朗的感觉，而低明度、低纯度的色彩给人暗淡、沉稳的感觉，中明度、中纯度的色彩则显得比较温和而柔软。

（三）色彩的色调

同样的颜色，因为色调不同，给人的感觉也不同。色调是色彩的基调。生活中服装色调的选择,是决定他人给我们留下色彩印象的关键。如何掌握色调呢?让我们了解一下影响色调的因素。

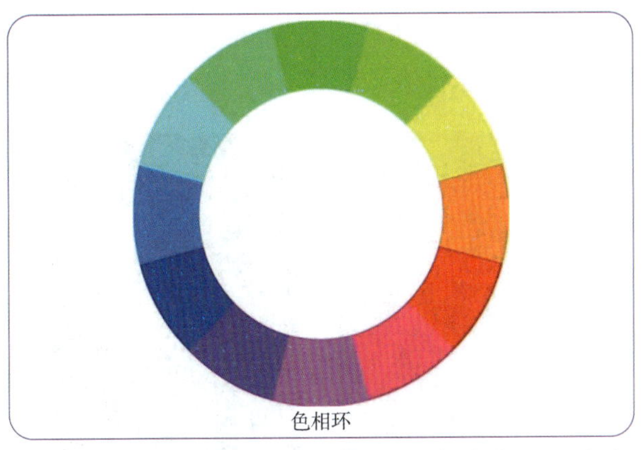
色相环

所谓深浅,是指在颜色中加白或加黑,改变颜色的明度,使颜色变亮,色调印象渐渐柔和;反之,颜色变暗,力量感的色调印象会逐渐增强,而降低纯度会使鲜艳的颜色逐渐变灰,色调印象也会由活跃转向安静。所以,明度和纯度的变化是影响色调印象的关键。选择色调的过程,其实就是一个依据想表达的印象而去调整颜色、明度和纯度的过程。

(四)色彩的视觉效果

受所处空间、周围色彩和物体形状的影响,色彩的视觉效果可能会呈现出较大的差异。人们看到不同的色彩会产生各种感受与遐想,如冷暖感、轻重感、进退感等。

1. 暖色调、冷色调、中性色调

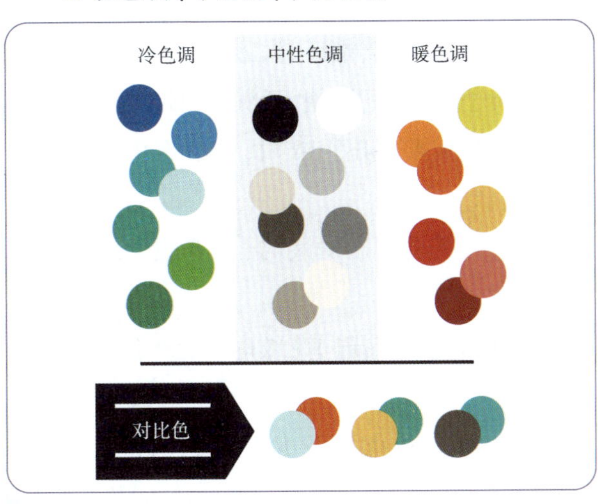

色彩的冷暖感主要取决于色彩三个属性中的色相。色调可以分为暖色调、冷色调和中性色调。对于暖色调或者冷色调来讲,一般波长较长的色彩显得比较温暖,而波长较短的色彩则显得比较冰冷。

(1)暖色调。暖色调受黄色基调影响,偏感性。暖色调的代表颜色有红色、橙色和黄色。暖色调是我们冬天穿衣服特别爱选择的颜色,会给我们温暖的感觉。暖色调不仅能给人们温暖的感觉,还具有刺激神经的作用。

(2)冷色调。各种颜色原本的色彩构成的色相图,如以蓝色基调为主的颜色看起来更显凉爽,具有镇定神经的作用。冷色调是我们夏天穿衣服比较爱选择的颜色,看起来偏理性,也是职场人士着装爱选择的颜色。

(3)中性色调。中性色调是指由黑色、白色及由黑白调和的各种深浅不同的灰色系列,也称为无彩色系。中性色调通常很柔和,色彩不是特别明亮、耀眼。黑色、白色、灰色这三种中性色能与任何色彩搭配,起谐和、缓解作用。职场中穿着这种颜色的职业装,给人留下沉着、知性的印象。

2. 膨胀色和收缩色

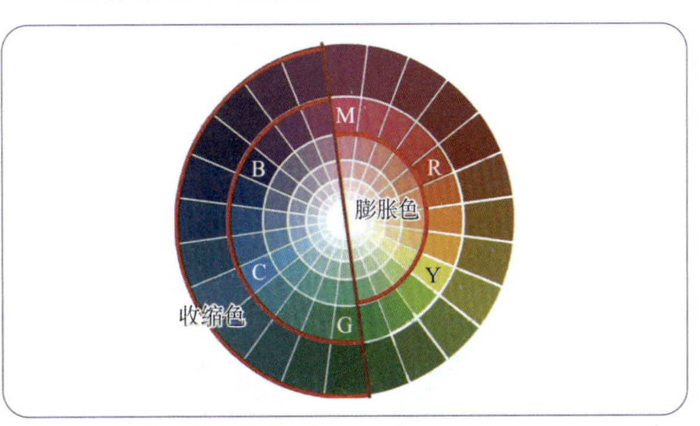

扩大面积的颜色称为膨胀色。这种色彩的物体的视觉效果要比实际显得更大一些。膨胀色系主要包括暖色和高明度色彩。相反,缩小面积的颜色称为收缩色,冷色和低明度色彩则属于收缩色系。在进行服装搭配时,臃肿的体形和消瘦的体形一般都要依靠颜色的这种膨胀和收缩效果进行修饰。

3. 前进色和后退色

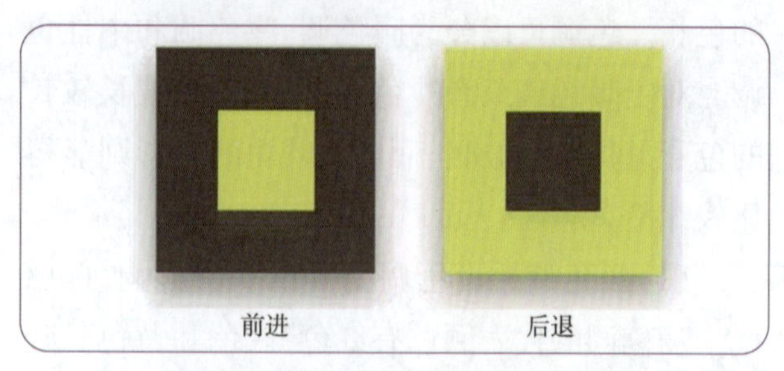
前进　　后退

前进色是指有些色彩的视觉位置比实际的物理位置靠前，有些色彩的目测距离比实际距离更近。一般来讲，暖色、明度高和纯度高的有彩色等都属于前进色。冷色明度低的无彩色和纯度低的无色彩就属后退色。

4. 重色和轻色

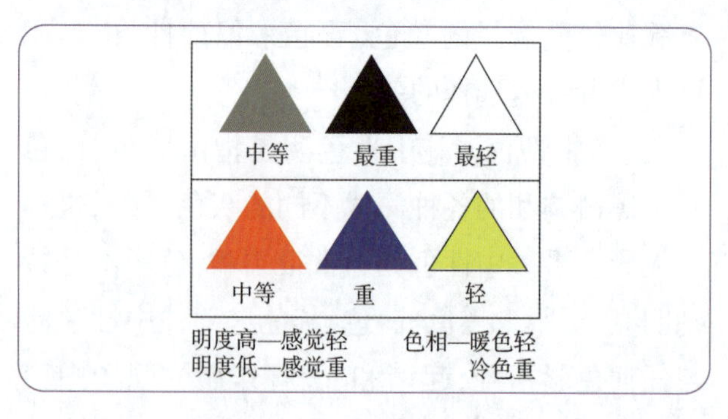

暖色系列的色彩一般感觉较轻，而冷色系列的色彩一般感觉较重。深色给人下坠感，浅色给人上升感。如果明度和纯度一致，那么暖色偏轻，冷色偏重。同样的物体，如果上半部分是轻色，下半部分是重色，那么这个物体会显得四平八稳，很有安全感；相反，就会显得头重脚轻，令人不安。

5. 硬朗色和柔和色

硬朗色/柔和色

硬朗色给人一种力量感。柔和色最大的特点就是色调十分温柔。纯度是影响这种硬朗和柔和视觉差异的主要原因。根据商品用途和特性的不同，如果利用好色彩的软硬特性，就能使同品质产品的受欢迎程度得以大大提高。

6. 兴奋色和镇定色

动

静

暖色系中明度最高、纯度最高的色彩，往往能诱发心理上的兴奋感，强对比的色调也具有的兴奋感强；相反，冷色系中明度低、纯度低的色具有沉静感。弱对比的色调具有镇定人心的效果。

二、服饰色彩搭配的基本原则与技巧

色彩搭配应强调色与色之间的对比关系，追求均衡美。色彩运用需注意调和关系，追求统一美。色彩组合要有一个主色调，以保持画面的整体美。

(一) 色彩搭配的原则

(1) 上深下浅，端庄、大方、恬静、严肃。

(2) 上浅下深，明快、活泼、开朗、自信。

(3) 当需要突出上衣时，裤装颜色应比上衣稍深。

(4) 当需要突出裤装时，上衣颜色应比裤装稍深。

(5) 当上衣有横向花纹时，裤装不能穿竖条纹的或格子。

(6) 当上衣花型较大或复杂时，应穿纯色裤装。

(二)服饰色彩的搭配技巧

1. 同类色搭配

如果我们的帽子、围巾、衣服、裤子、鞋子,全身都是用一个颜色,固然和谐,但也难免乏味。如果采用和它相同色系,但深浅不同的颜色来搭配,如深红和浅红色、橘色和棕色、米色和咖啡色、浅绿色和橄榄绿色等。

同色搭配的要诀:色彩与色彩之间要有深浅差异,也可以浓淡相宜,为整体搭配增加更多的层次感。同色搭配的效果看起来和谐雅致,视觉效果协调统一,主色调鲜明,要想在着装上趋同,就可以选择同色搭配法。

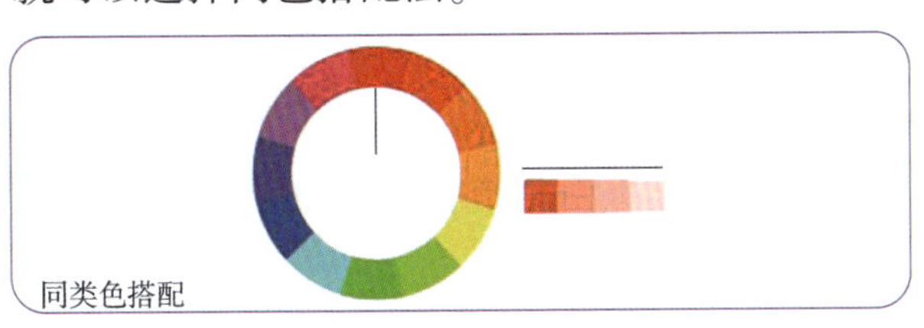
同类色搭配

2. 邻近色搭配

在色相环上选择任何一种颜色作为主色时,它左右两边的颜色就叫作邻近色;这三个颜色的搭配叫作邻近色搭配。这三个颜色中任意选两个或者三个颜色的搭配都很和谐,这种搭配效果获得了广泛认可。邻近色搭配很实用,它在统一中又有变化。邻近色搭配既可以满足"柔和雅致"又可以实现"鲜明强烈"。当倾向鲜明强烈时,就挑选高纯度和中纯度的色彩进行搭配,这样视觉效果明显。邻近色搭配会产生和谐悦目的搭配效果,可以"趋同",也可以"求异"。

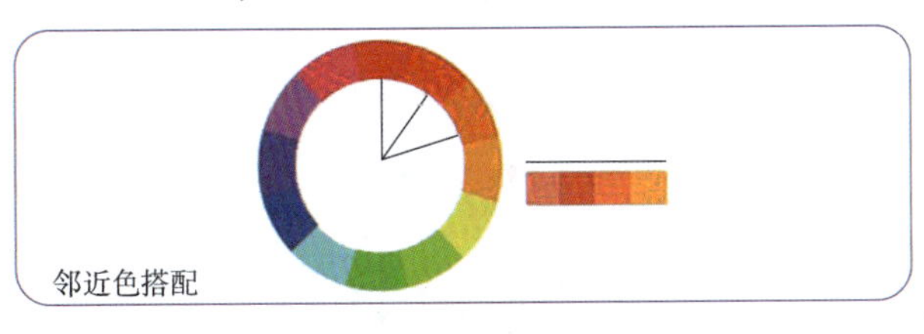
邻近色搭配

3. 互补色搭配

在色环中,两个相对的色彩及180°对角线连接的两个颜色叫作补色,这些颜色的搭配就叫作互补色搭配。我们常见的互补色搭配有红与绿、黄与紫、橙与蓝。互补色搭配能够使色彩之间的对比达到最强烈的视觉刺激效果,引起人们对视觉的足够重视,配色效果鲜明。互补色搭配时,再添加任意五彩色,红衣绿裤添加黑色外套或者白色打底衫,这样看起来更和谐。互补色搭配效果鲜明、强烈、醒目,有利于在人群中脱颖而出,紧紧抓住人们的眼球。

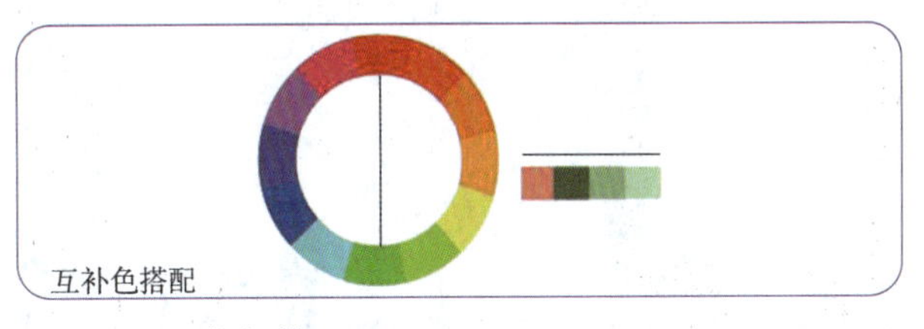
互补色搭配

4. 无彩色搭配

黑、白、灰是不可忽视的无彩色,在色彩配色中起重要的作用,它们活跃在各种配色中,最大限度地改变了明度、亮度与色相,产生出多层次、多品种的优美色彩。

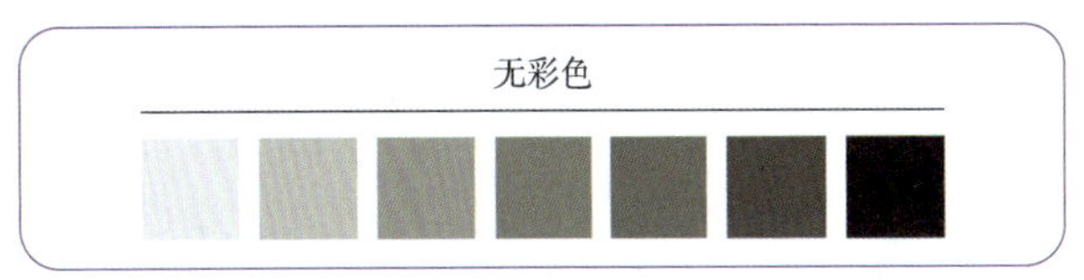

5. 无彩色+有彩色搭配

无彩色+有彩色的搭配是很多人喜爱的搭配方案。最常穿的衣服就是那些以黑色和白色为基准,延伸出各种灰色和水洗过感觉的颜色,因为这类搭配的效果既有视觉变化,又不失稳重和谐。其中,被人熟知的就是红黑配、蓝白配、黄灰配。

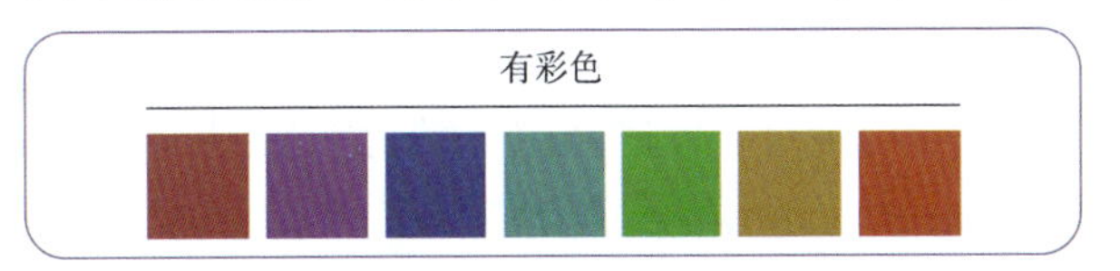

(三)服饰款式搭配的基本原则

1. 服饰搭配的三重境界

选对自己的服装,仅仅是着装的第一步。服饰搭配有三重境界:第一层次是和谐,第二层次是美感,第三层次是个性。服饰搭配通常有三个方面:

(1)服装与服装间的搭配比,如上装与下装、内装与外装等。

(2)饰品与服装的搭配。

(3)服装饰品与人体的搭配。

服饰搭配强调的是整体视觉效果,其要点是突出化繁为简的高级感。整体感搭配如果要表现权威感,就要选择线条感强、外形挺直、平整的服装。

2. 领型与脸型的搭配

选对衣领,不仅能更好地修饰脸型的缺陷,还能提升颜值和气质。下面就圆形脸、方形脸、倒三角形脸与领型搭配进行简单介绍。

(1)圆形脸适合:深U形领、V形领。

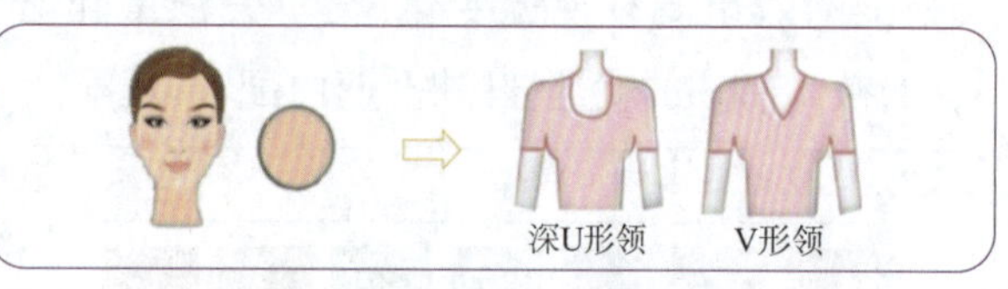

忌选:小圆领、高领。

(2)方形脸适合:U形领、V形领、圆领。

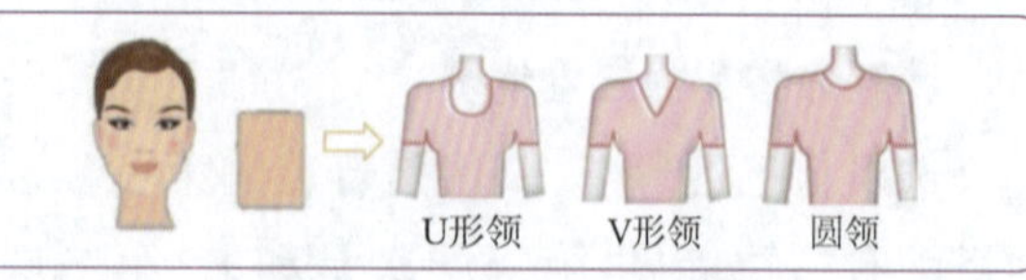

忌选:一字领、方形领、小领、高领、细领。

(3)倒三角形脸适合:U形领。

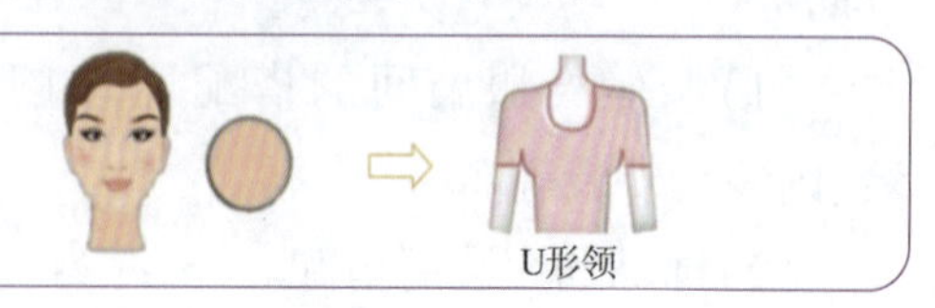

忌选:V形领。

三、专属色彩

个人色彩理论是用来判断适合自己的色彩的体系,即每个人与生俱来的自身所表现出来的色彩特征。它是由每个人自身的肤色、瞳孔色、毛发色表现出来的。

我们以皮肤的基本色调为基础,按照四季进行个人色彩分类,称为季节色彩理论。季节色彩分为春季型(Spring Type)、夏季型(Summer Type)、秋季型(Autumn Type)、冬季型(Winter Type)四种类型。季节色彩是将人与生俱来的肤色、发色、唇色、眉毛色、瞳孔色等人体色特征与大自然的一年四季的特征相结合,可以判断出适合个人的颜色。如果将这种颜色应用到服装上,将能塑造出适合自己的美丽形象。

(一)春季型

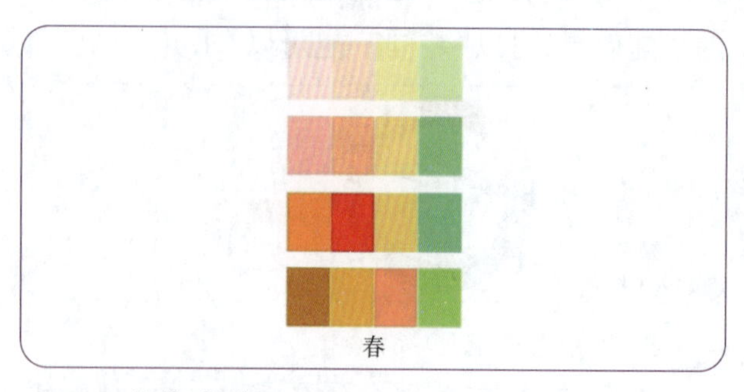

1. 总体感觉

春季型人表现出可爱、轻快、朝气蓬勃的形象。春季型人的肤色和发色比较亮,属于黄色基调。

(1)肤色：春季型人皮肤光滑、亮丽、透明，质感大多薄、透，较容易出现雀斑和其他各类斑点；肤色大致是象牙色、米黄色、蜜桃色等。

(2)眼睛：瞳孔的颜色以亮棕色或褐色为主，眼睛光亮有神。

(3)头发：发色是亮丽的棕色，发丝细软光亮。

(4)嘴唇：呈珊瑚红色、桃红色、自然唇色较突出。

2. 适合的色彩

与春季型人相适合的颜色主要是黄色系中的暖色和其他鲜明色彩，即鲜明色和亮柔和色。白色和蓝色等冷色以及沉重、灰暗的色彩不适合春季型人。

3. 妆容用色

(1)粉底：象牙色、亮肤色。

(2)眉毛：深咖色。

(3)眼线：咖啡色。

(4)口红：杏红、橙红、豆沙红、蜜红。

(5)腮红：浅肤色、淡砖红。

(二)夏季型

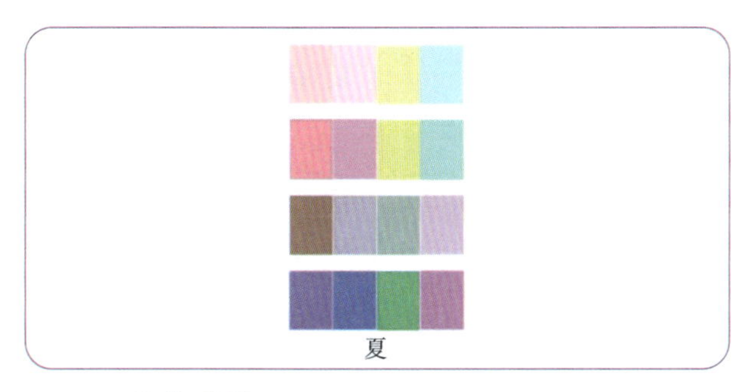
夏

1. 总体感觉

夏季型人让人感觉有些冷漠。从整体上看，夏季型人也可表现出温柔、亲切、温和的女性形象，属于蓝色基调。

(1)肤色：夏季型人的肤色粉白、乳白色，带蓝色调的褐色皮肤、小麦色皮肤、红色皮肤的人占多数，肤色的深浅度大体上为中间色或暗色。

(2)眼睛：瞳孔大多是柔和的棕色，眼珠呈焦茶色、深棕色，眼白带有天蓝色。

(3)头发：以轻柔的黑色、棕色和暗棕色为主，发质缺少光泽。

(4)嘴唇：浅玫瑰色、发紫、发粉。

2. 适合的色彩

夏季型人属于冷色系，穿着颜色以轻柔、淡雅为宜，适合蓝色调、紫色调以及轻柔含混的浅淡颜色，不适合富有光泽、沉重、纯正的颜色。

3. 妆容用色

(1)粉底：象牙色、蜜蕊色。

(2)眉毛：灰黑色。

(3)眼线：靛蓝色、咖啡色。

(4)口红：亮玫红、紫红、玫瑰红。

(5)腮红：暗桃红、深玫红。

(三)秋季型

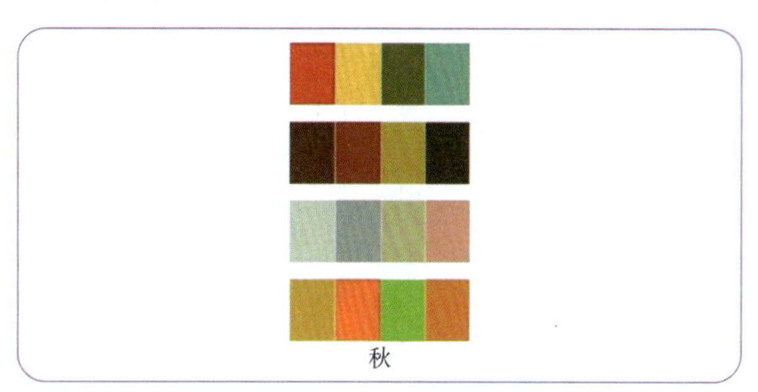
秋

1. 总体感觉

秋季型人以黄色为主，给人沉稳之感，能表现出有内涵和深度的温柔形象。秋季型人的体形稍显富态，可塑造出朴素而经典的形象，属于黄色基调。

(1)肤色：秋季型人的肤色是黄色系中的橙色和棕色。

(2)眼睛：瞳孔的颜色是深棕色或黑色，眼珠为深棕色、焦茶色，眼白为象牙色或略带绿的白色。

(3)头发：褐色、棕色、铜色、巧克力色。

(4)嘴唇：泛白或部分深紫色。

2. 适合的色彩

秋季型人的色彩以黄色系为主，暖色系中的沉稳色调能带来沉稳感和深度感，而浓郁而华丽的色彩衬托出秋季型人成熟高贵的气质。秋季型人不太适合强烈的对比色，以及冷色和鲜明的颜色。

3. 妆容用色

(1)粉底:自然、亮肤、浅蜜、深杏。

(2)眉毛:深咖。

(3)眼线:炭灰、咖色。

(4)口红:嫣红、可可红、豆沙红、咖啡红。

(5)腮红:浅肤色、淡砖红。

冬

(四)冬季型

1. 总体感觉

冬季型人带有蓝色的光彩,多是鲜明、强烈的色彩,带有沉稳感,其对比度较大。冬季型人拥有清澈、强烈的形象,都市感及开放性派头十足,非常引人注目,属于蓝色基调。

(1)肤色:肤色白皙泛蓝光,显得冷而苍白。

(2)眼睛:瞳孔以深棕色、黑色、黑棕色为主,眼珠、眼白黑白分明,目光坚定、有神。

(3)头发:发色主要是黑色、银灰色或酒红色。

(4)嘴唇:深紫色、冷粉色。

2. 适合的色彩

冬季型人的颜色最适合纯色,以冷色系的白色、蓝色为主。在四季颜色中,只有冬季型人最适合黑、纯白和灰三种颜色,藏蓝色也是冬季型人的专利色。

3. 妆容用色

(1)粉底:象牙色、亮肤色、蜜蕊色。

(2)眉毛:灰色、黑色。

(3)眼线:靛蓝色、咖啡色、黑色。

(4)口红:亮玫红、莓紫红、桃紫红、樱桃红。

(5)腮红:暗桃红、暗紫红、深玫红。

单元任务

一、寻找自己的专属色彩

简单测试你的专属色彩:

1. 你的头发(　　)。

A. 稀、薄、软,棕色偏黄

B. 稀、薄、软,棕色偏黑

C. 浓、厚、硬,褐棕色或黑芝麻色

D. 浓、厚、硬,乌黑发亮或黑芝麻色

2. 你的眼睛(　　)。

A. 明亮、可爱,有亲和力

B. 温柔,有亲和力

C. 不明亮,甚至蒙上了一层雾

D. 明亮、目光犀利,有距离感

3. 你的皮肤(　　)。

A. 薄而透,容易脸红,过敏

B. 苍白、薄、偏黄

C. 棕色、光滑、厚实

D. 苍白、偏黄、没有红晕

4. 你的唇色(　　)。

A. 偏橘红、鲜艳

B. 偏旧、发乌、苍白

C. 偏旧、发乌、色素深

D. 偏玫瑰色

测试结果:

春季型:如果你A选项多,你就属于春季型人,适合春天感觉的颜色,颜色明亮透明,如粉色系;避免使用混沌不清的颜色。

夏季型:如果你B选项多,你就属于夏季型人,适合夏天感觉的颜色,华丽、鲜艳、明快,也可以搭配由多种颜色组成花色做成布料的服装。

秋季型:如果你C选项多,你就属于秋季型人,适合秋天感觉的颜色,如感觉温暖的深色系,整体感觉祥和、恬静。

冬季型:如果你D选项多,你就属于冬季型人,适合冬天感觉的颜色,柔和、浅灰色调的搭配。

二、你的专属色彩诊断结果

姓名:________________

肤色:________________

眼睛:________________

头发:________________

嘴唇:________________

专属色彩:________________

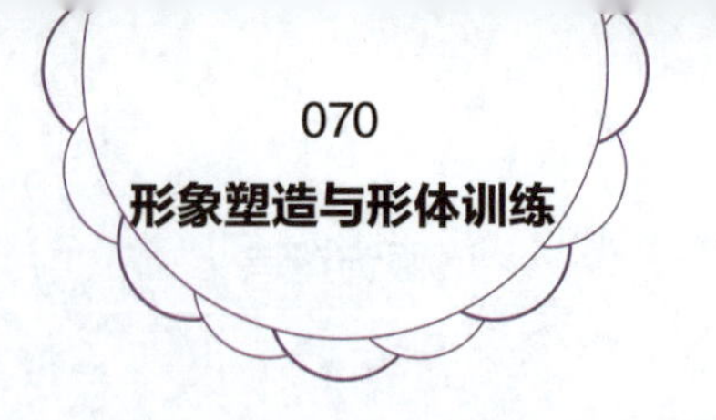

单元4.2　服饰的风格搭配

1. 了解整体形象的风格塑造特点，明确风格塑造中职业及个性的概念。

2. 掌握形象塑造的八大风格，能运用风格特征塑造自身形象。

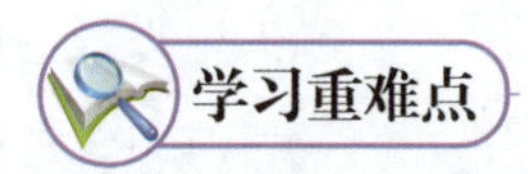

重点：掌握整体形象的风格塑造内容。

难点：了解整体形象的风格特点，能够运用形象塑造的风格要素进行自身形象设计。

一、服饰风格类型

形象是指在服装领域，用服装的款式、风格、品位等用语来说明特定的印象。什么是风格？风格就是万事万物，包括人的个性及容貌特征。服装风格指一个时代，或一个民族，或一个流派，或一个人的服装在形式和内容方面所显示出来的价值取向、内在品格和艺术特色。每个人有着属于自己的风格语言。

一个人的穿着、言行、礼仪等外观因素能直接反映个人品位和企业形象。

1. 传统职业的整体风格塑造

传统职业：包括政府机关、教师、银行、会计师、律师、医生、销售、新闻类主持人、服务业等。

风格建议：反映职业本身的信任度是工作着装的首要任务，要求体现的职业形象符合大众审美标准。

2. 非传统职业的整体风格塑造

非传统职业：包括广告、设计师、传媒、计算机、网络、演员等。

风格建议：以体现独立个性、拓展精神空间为首要任务，偏重自己个性张扬的表达。

二、专属风格

1. 优雅型

(1)自测要点

①面部：轮廓线条柔美，五官精致，眼神柔和。

②身材：适中、偏曲线，轻盈。

③性格：有女人味，温柔、恬静、优雅。

(2)装扮秘籍

优雅型人最出彩的服装是连衣裙。其特点是知性、淑女。硬而粗糙的质地与款式将使优雅型人丧失柔美，柔和线条的款式及面料很适合她们，细腻的套装，飘逸些会比“H”形更出彩。柔软的褶裙或荷叶裙比鲜明、硬朗的紧身裙更适合。饰物不要新奇，要很女性化、有品位的，如搭配一条丝巾，更显优雅。化妆不要太浓，突显你的优雅、柔和与温存。恰到好处的眼影、发型(要有柔和感，中长发最好)更让你令人心动。总之，注意要从各个方面体现你温柔的女性魅力，尽量避免极端的、男性化的款式风格。

2. 浪漫型

(1)自测要点

①面部：轮廓及五官曲线感强，看上去有柔软的感觉。

②身材：大量感，曲线感强。

③性格：高雅、华贵的气质。

(2)装扮秘籍

浪漫型人最出彩的服装是晚礼服。花边、花朵图案都较适合，水滴、彩虹似的图案也很漂亮。如果浪漫型人穿着休闲服装，如牛仔裤、条纹裤、旅游鞋，则显得很不搭。花边衬衣、大荷叶裙以及面料为乔其纱或针织、真丝、天鹅绒等礼服都能非常恰如其分地衬托好身材。裙裤配兔毛毛衣、蕾丝衬衣，也是很不错的。发型为柔和的卷

发、波浪、长发，因为发型离你五官最近，所以它是你装饰的重点。

3. 古典型

(1)自测要点

①面部：轮廓和五官呈直线感，以直线为主。

②身材：适中。

③性格：正统、知性、一丝不苟、精致而高贵、有距离感。

(2)装扮秘籍

古典型人最出彩的服装是职业套装。T恤衫、露趾凉鞋是古典型人的败笔。正规的套装要求随时都要保持整齐、规范、干净和高品质的衣服与饰品，头发总是梳理得纹丝不乱。例如，垂感很好的男式西装，里面搭配一件丝绸衬衣。采用山羊绒、绉绸、羊绒等面料，简单的、排列整齐的小型图案或条纹最显气质，最适合古典型人。穿一件山羊绒小圆领毛衣和直线条的长裤也不错。古典型人不适合牛仔裤或运动类服装。

4. 自然型

(1)自测要点

①面部：亲切而自然，眉眼平和，面部轮廓及五官线条柔和但呈现直线感，形体多为直线。

②身材：直线感强、偏高、有运动感。

③性格：随意、大方、潇洒、亲和力强。

(2)装扮秘籍

自然型人最出彩的服装是休闲装。华丽而夸张的服饰是自然型人的天敌。随意自在是自然型人特有的魅力。例如，一件普通的棉布衬衣，也可以穿得有型、时尚；粗针毛衣配长裤也有一种洒脱、随意。比起华丽多彩的服饰来，朴素大方的格子裙更适合自然型人。漂亮的平跟鞋、靴子或运动鞋比起纤细婀娜的高跟鞋更适合自然型人。戴一些较大的饰物，如仿象牙、木变石、贝壳等一切取自天然的饰物，或者逼真的、小巧的饰物，更让自然型人符合自身的气质。自然型人不适合塔夫绸的灯笼袖礼服以及精美的花边、蕾丝之类。

5. 前卫型

(1)自测要点

①面部：脸庞偏小、线条清晰，五官个性感强。

②身材：骨干、小巧玲珑。

③性格：率直、出位、叛逆、活泼好动。

(2)装扮秘籍

前卫型人拒绝平庸，标新立异，别致个性，在装扮上讲究与众不同。总之，款式突出新颖、别致、个性化强，与流行时尚接轨。例如，颜色醒目、造型怪异或具“异域”倾向的个性化饰品，各种流苏靴及造型感强的高跟鞋，装饰复杂的提包、双肩包等，这是前卫型人的最爱。化妆要点是鲜明、醒目，可以成为“戏剧型”的袖珍版。

6. 戏剧型

(1)自测要点

①面部：面部轮廓线条分明，五官夸张而立体。

②身材：身材高大呈骨感(比实际身材略高)。

③性格：夸张、大气、张扬，永远的视线焦点。

(2)装扮秘籍

穿着特别的、有个性的衣服，能更好地衬托出戏剧型人的性格与气质。例如，垫肩偏厚的上衣，根据脸型搭配大开领的衣服，喇叭袖、夸张的多层花边等，或者男性化的西装，垂感好的金银丝织物或皮毛一体等质感强烈的服装。发型可以是卷发、超短发、盘发、直发、垂发……饰物也要戴大个的，凡与众不同的、夸张的就是适合戏剧型人的，盛装晚会是戏剧型人最得意、最风光的场合了。

7. 少女型

(1)自测要点

①面部：轮廓圆润可爱，五官甜美稚气，圆脸偏多。

②身材：身材小巧，有略胖者但圆润可爱。

③性格：活泼、甜美、可人。

(2)装扮秘籍

可爱甜美,飘逸的花边连衣裙适合少女型人。蝴蝶结、蕾丝花边、小碎花都是少女型人的偏爱。曲线裁剪的、短的套装很漂亮,最符合小巧玲珑的少女型人。花朵、小点、小动物的图案很吻合少女型人的外表。少女型人也很适合穿薄而软的面料,还有兔毛、羊毛、柔软的小开衫。饰物不要过大,要选择纤细、小巧、透明可爱型。在领口系一个颜色适宜的蝴蝶结足矣。发型上,烫小碎发、编发、马尾辫都很活泼动人。化妆上,用色柔和,强调水汪汪的眼睛和圆嘟嘟的嘴唇,但一定要干净透明,这是一个很容易打扮出"童话公主"模样的类型。

8. 少年型

(1)自测要点

①面部:面部轮廓直线感强,呈锋利感。

②身材:直线感强,帅气、干练。

③性格:淘气而好动、帅气、灵动、干练、朝气蓬勃。

(2)装扮秘籍

选用中性化风格服饰。过于硬挺、成熟的套装或太飘逸的花边连衣裙都不适合少年型人。适合少年型人的有裤装、裙裤、坎肩西装和短的套装。正装里的男式礼服最符合少年型人的个性。条纹、格子、小的几何图案,灯芯绒、纯棉、皮毛等对于少年型人来讲都很好。饰物不要太大,可选择富有个性的饰物。在领口系一条领带,既帅又时髦。超短碎发、直发都是最佳选择。化妆不要过分用色,眼影与眼线稍做强调就可以了。

单元任务

寻找自己的专属风格,简单测试你的专属色彩:

1. 平时情绪丰富,什么都写在脸上,翻脸如翻书,情绪化重(　　)。

A. 是→看第 2 题

B. 否→看第 3 题

2. 个子小或瘦,或给人感觉很小巧(　　)。

A. 是→看第 4 题

B. 否→看第 5 题

3. 看起来很成熟(　　)。

A. 是→看第 6 题

B. 否→看第 7 题

4. 比实际年龄看起来年轻(　　)。

A. 是→看第 8 题

B. 否→看第 9 题

5. 经常有朋友找你帮忙(　　)。

A. 是→看第 9 题

B. 否→看第 10 题

6. 身材较好,三围比例也好,拥有好身材(　　)。

A. 是→看第 11 题

B. 否→看第 7 题

7. 常有人夸你会穿衣、有品位(　　)。

A. 是→看第 12 题

B. 否→看第 5 题

8. 身材腰细,丰满,有曲线(　　)。

A. 是→看第 9 题

B. 否→B 类型:惹人爱的魅力女(优雅型)

9. 骨架大,看起来明显,不藏肉(　　)。

A. 是→D 类型:健康活力阳光女(少女型)

B. 否→看第 10 题

10. 不喜欢打扮,可以的话每天都想素颜(　　)。

A. 是→A 类型:自然邻家大姐姐(自然型)

B. 否→看第 13 题

11. 别人常说你知性大方(　　)。

A. 是→E 类型:成熟理性派都市女郎(古典型)

B. 否→看第 10 题

12. 体形比较纤细,显瘦(　　)。

A. 是→C 类型:品格高雅大小姐(优雅型)

B. 否→看第 11 题

13. 别人常说你稳重、不急躁(　　)。

A. 是→E 类型:成熟理性派都市女郎(古典型)

B. 否→A 类型:自然邻家大姐姐(自然型)

通过以上 13 个问题,基本上可以测出你的性格特征。这套测试体系从性格出发,虽然有些人的外表会与内心相违背,不能用来判定一个人的真实风格,但相差不会太多,如果通过简易测试,还是判断不出自己的风格,就需要找形象设计师进行专业风格测试。

单元4.3　服饰与人体的搭配

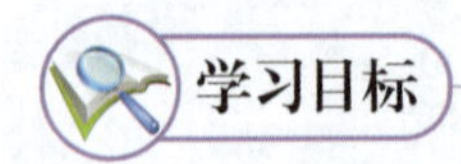

学习目标

1. 了解人体体型的五种类型的搭配要点。
2. 熟悉不同身材的特点与类别。
3. 掌握不同体型的搭配技巧。

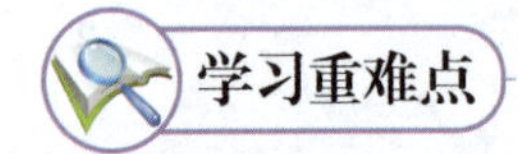

学习重难点

重点:体型的类型及特点。

难点:不同体型的搭配技巧。

单元知识

一、人体体型类别

人的体型最主要的五种类型分别是O形身材、H形身材、A形身材、X形身材、T形身材。

二、不同体型的服饰搭配要点

(一)O形身材

1.身材特点

O形身材的人由于四肢比较纤细,赘肉全部都囤积在了腰腹部,腰围明显大于臀围,肩背比较厚重,常给人一种“虎背熊腰”的感觉。

O形身材最大的烦恼就是上半身显壮,穿衣不当就会头重脚轻,并且没有明显起伏的曲线变化。

2.穿搭原理

O形身材不要穿过于紧身的衣服,那样效果会适得其反勒出赘肉,正确做法应当是选择H形的流畅型线条,既能修饰身材,又不会暴露缺点。修身和紧身是两个完全不同的概念,也是两种完全不同的舒适状态。利用合肩款式的衣服来修饰圆肩厚背,选择正肩的款式,显得整个人更加精神。打造“V”字形线条纵向拉伸视线,削弱上半身的厚重感。

(二)H形身材

1.身材特点

H形身材骨架有大有小,其共性特征如下:肩膀宽且方直,臀部扁平,没有明显腰线,四肢纤细有骨感。H 形身材是一种比较单薄的身材,从正面看,其胸、腰、胯几乎成一条直线,身材轮廓线条笔直,类似 H 形。

2. 穿搭原理

尽量选择带有膨胀色的颜色,这样会从视觉层面起到丰满的效果。我们都知道:白色显胖、黑色显瘦,同样的浅色在视觉上有膨胀感,看起来量感会变大;而深色有收缩感,看起来量感相对会小。对于身材瘦弱的人,应考虑用色彩让自己适度膨胀起来。

(三)A 形身材

1. 身材特点

上身瘦、下身胖是 A 形身材的主要特点。上半身比较瘦、肩背薄、腰部纤细、臀大胯宽、大腿根部粗。很多亚洲人是 A 形身材。

2. 穿搭原理

弱化臀腿曲线,扬长避短。A 形身材下装的选择需要反复地斟酌,太紧身会让下半身的体积瞬间膨胀,不利于显高显瘦。H 形身材应展现上半身优势,如颈部的细长、肩背的纤细、手腕的纤长。四肢纤细是优点,尽量不要将四肢严严实实地遮起来,手腕、脚踝、锁骨的地方都可有效地吸引住别人的目光,从而弱化大家对臀部、胯部位置的注意力。

(四)X 形身材

1. 身材特点

X 形身材肩膀、胸部、臀部和大腿圆润,肩膀和胯部基本同宽,腰非常细。视觉上,上下等宽,中间像一个沙漏,也像字母 X,所以叫作 X 形身材。

2. 穿搭原理

对于 X 形身材的人来说,在服饰搭配时,要注意腰线的打造和突出,可以利用色彩的天然对比营造腰线,也可以运用腰带强化腰线;要弱化胸臀的丰满感,用配饰把焦点转移,从而能平衡整体丰满度,达到和谐的高级效果。X 形身材是最佳标准的女性身材。

(五)T 形身材

1. 身材特点

肩部和背部较为宽厚,上半身的比例要明显宽于下半身。T 形身材很好辨认,“上粗下细”就是本质特征,但是这种粗和 O 形身材有很大的不同,T 形身材是粗在肩膀,而 O 形身材是胖在腰部。

2. 穿搭原理

缩小肩部比例,肩部的位置不宜有任何的装饰。在穿衣时应尽量避免肩部有任何的装饰性元素,那样只会显得自己更加魁梧。纵向延伸线条,大 V 领可弱化肩部的宽度。大 V 领不仅仅是夏天穿来特别应景,大 V 领的纵向延伸效果还能与横向拉伸肩部线条形成对比,这样可以消除一些肩宽带来的困扰;相反，高领的衣服会让观赏者的视线全部集中在肩颈的位置。

单元任务

我们常说适合的才是最好的，根据自己的性格、职业、气质，从而找到适合自己的穿衣风格，才能更完美地展示自我风格。

1. 你的脸型比较接近哪一种？（　　）

A. 圆脸或瓜子脸→看第 3 题

B. 方形或长条形→看第 2 题

2. 你的嘴唇是哪一种颜色？（　　）

A. 偏无色或淡淡的粉红色→看第 6 题

B. 偏红色或柔和的桃红色→看第 5 题

3. 与深红比起来，你是否比较喜欢有点淡淡的粉红色？（　　）

A. 是→看第 7 题

B. 不是→看第 4 题

4. 对于银色饰品和金色饰品，你是否比较喜欢金色饰品？（　　）

A. 是→看第 8 题

B. 不是→看第 5 题

5. 你的眼珠是哪一种颜色？（　　）

A. 黑色或深咖啡色→看第 9 题

B. 带点绿色的黑或浅咖啡色→看第 8 题

6. 你是否不常被人说比实际年龄成熟，反而常被人说和年龄相仿或更小？（　　）

A. 是→看第 5 题

B. 不是→看第 10 题

7. 比起夏天的衣服，你是否比较喜欢冬天的衣服？（　　）

A. 是→看第 8 题

B. 不是→看第 11 题

8. 你比较适合短发还是长发？（　　）

A. 短发→看第 9 题

B. 长发→看第 12 题

9. 你是否一晒太阳，脸不会变红，而是马上变黑？（　　）

A. 是→看第 10 题

B. 不是→看第 13 题

10. 你哪一种衣服比较多？（　　）

A. 衬衫→看第 14 题

B. 针织毛衣→看第 13 题

11. 天气一变冷,你的脸是否就变红?(　　)

    A. 是→看第 15 题

    B. 不是→看第 12 题

12. 仔细看你的头发是否带咖啡色?(　　)

    A. 是→看第 16 题

    B. 不是→看第 15 题

13. 你是否很喜欢穿黑色衣服?(　　)

    A. 是→看第 17 题

    B. 不是→看第 12 题

14. 你的五官属于哪一种?(　　)

    A. 很有女孩味、温柔的脸→看第 13 题

    B. 像小男孩般、很有个性的脸→看第 18 题

15. 你的个性属于哪一种?(　　)

    A. 开朗活泼→适合可爱的装扮

    B. 成熟稳重→看第 16 题

16. 你的脸颊是哪一种颜色?(　　)

    A. 没有什么颜色→适合充满女人味的装扮

    B. 平常就是粉红色→看第 17 题

17. 你的腿形接近哪一种?(　　)

    A. 修长而笔直的长腿→适合成熟稳重的高雅装扮

    B. 略粗的两腿→看第 18 题

18. 你比较喜欢以下哪一种打扮?(　　)

    A. 中性化的打扮→适合酷酷的帅气装扮

    B. 充满女人味的打扮→适合成熟稳重的高雅装扮

单元 4.4　服装饰品的搭配

1. 了解饰品的种类与搭配。
2. 掌握珠宝首饰的保养。
3. 掌握饰品的佩戴原则。

重点:饰品的种类与搭配。
难点:珠宝首饰的保养。

单元知识

一、饰品的种类与搭配技巧

饰品的种类与搭配技巧见表 4-1。

饰品的种类与搭配技巧　　表 4-1

饰品种类	搭配技巧	图片
发饰	发饰包括发带、发卡、发簪、发网,发饰简单,以深色为主	
眼镜	从事需要给人以庄重形象的工作,如公务员、业务员、销售等,眼镜应尽量选择比较传统的镜框,如金丝框,形状不宜夸张,镜片无色。 从事需要显示个性的工作,如设计师、经纪人、化妆师或者明星等,可以戴显示个性的塑胶镜框,形状也可以比较夸张	
耳饰	佩戴耳环要与脸型、头型、发型、服饰相呼应。例如,圆形脸应佩戴垂型耳环、长形项链,脸型偏长的女士应该选呈圆形的耳环,方形脸适合小巧玲珑的耳钉或耳坠来显示个性,脸尖的女士可佩戴增加宽感的耳环	

续上表

饰品种类	搭配技巧	图片
项链	选择项链时要考虑到装饰效果，如脖子粗，则尺寸要大，反之尺寸要小；脖子短的女士要将衣领开成V字或敞开，佩戴项链时，可以利用项链的长短来调节视线，起锦上添花的作用	
胸针	胸针是职业套裙最主要的饰品。胸针一般别在左胸襟，胸针的大小、款式和质地可以根据个人的爱好决定。穿西装套裙时，别上一枚精致的胸针，能使观察者视线上移，从而让身材显得高挑一些。体型瘦弱的女士可以佩戴小巧而光彩夺目的胸针；身材高大的女士可以宜佩戴花式比较复杂、较大的胸针	
丝巾	丝巾作为配饰，其主要作用是点缀。如果大面积使用，加上丝巾本身的配色就比较丰富，就容易喧宾夺主，让搭配失去平衡；选择小方巾或者窄丝巾，更显精致优雅	
领带	领带是上装领部的服饰物，常与衬衫和西服搭配使用。领带是男士日常生活中最基本的服饰装饰品。穿西装系领带时，长度以到皮带扣中心处为宜；如果穿马甲或毛衣时，领带应放在马甲或毛衣里面。领带夹一般夹在衬衫的第四、五粒纽扣之间	
手表	常见的表带包括皮面表带、钢带表带、手链材质、硅胶表带等。对于体型高大强健者，可以选择大表盘的手表，在造型与风格上略显粗犷。对于体型瘦小者，建议选择表盘较薄、小的手表	
戒指	戒指的佩戴是无声的语言，能够表明你的婚姻和择偶状况。戒指的佩戴隐含了一定的意义，佩戴时不能随心所欲。佩戴在左手时，食指表示求婚，中指表示已在恋爱，无名指表示已订婚或结婚，小指表示终身不嫁或不娶	

续上表

饰品种类	搭配技巧	图片
包	包在各种场合都十分重要，它既有装饰价值又有实用性。按照外形和用途划分，包可以分为肩挂式、平提式、平拿式三种	男款包 女款包
腰带	女士腰带的选择要与衣服、身材相协调。要想看上去修长，就应该选用与衣裙同色的腰带	女款腰带
	商务男士宜选择黑色、金属质地、板式扣的皮带	男款腰带

二、珠宝首饰的保养

（一）保持珠宝首饰干净

珠宝首饰是昂贵的物品，像家里的油烟、洗涤剂、化妆品等都要远离珠宝首饰，一般来说佩戴一段时间后就要进行清洗。

（二）定期保养珠宝首饰

珠宝首饰应定期保养，只有定期保养，珠宝首饰才能每天璀璨闪耀；当珠宝首饰出现问题的时候也能第一时间知晓，及时进行维修，而不至于等问题严重时才花大成本进行补救。

（三）不要佩戴珠宝首饰游泳或泡温泉

在游泳或泡温泉的时候最好不要佩戴珠宝首饰，因为，珠宝首饰很容易一不小心就掉落。另外,水里含有化学物质,珠宝首饰接触后也会受到损伤。

(四)不要佩戴珠宝首饰睡觉

很多人有戴珠宝首饰睡觉的习惯。其实这种习惯一点也不好,会给珠宝首饰造成不必要的损伤。睡前尽量摘掉珠宝首饰,才能保护好珠宝首饰。

三、饰品的佩戴原则

饰品的佩戴应遵循以下原则:

(1)数量原则。首饰搭配的数量上以少为佳,一般不多于3种。

(2)色质原则。佩戴饰品色彩和质地上的原则是力求同色同质,这是最好的色彩搭配。

(3)身份原则。佩戴饰品要符合身份。符合个人身份,与自己的年龄、职业、工作环境保持相对一致。

(4)协调原则。饰品要尽力与服饰协调。

单元任务

服装饰品的搭配:

在不同场合,不同着装时,我们选择的配饰也应有所不同。请用文字描述一下选择饰品的款式或特点。

服装类型	手表	腰带	包
正装			
休闲装			

单元4.5　不同场合服饰搭配技巧

1. 了解不同场合着装的要领。
2. 掌握服饰搭配选择与规范要求。

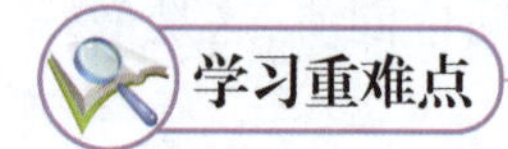

重点:不同场合服饰规范要求。
难点:场合着装搭配技巧。

一、场合着装

(1)商务场合:上班、庆典、谈判等,选择相对正式的服装。
(2)社交场合:聚会、宴会、舞会等,适合社交场合的服装是礼服。
(3)休闲场合:购物、散步、健身等,应选择休闲舒适的服装。

二、不同场合着装的搭配技巧

女士商务西服

(一)商务场合款式

1. 款式选择

商务场合应穿着正式的西服套裙,应注重面料,色彩为黑色、灰色、棕色、米色等单一色彩。

2. 面料

套裙所选用的面料最好是纯天然质地且质量上乘的面料;上衣、裙子以及背心等应当选用同一种面料。

3. 色彩

套裙应当以冷色调为主,借以体现出着装者的典雅、端庄与稳重。

4. 图案

按照常规,女士在正式场合穿着的套裙,可以不带有任何图案。

5. 点缀

在一般情况下,套裙上不添加过多的点缀,否则会显得琐碎、杂乱、低俗和小气。点缀过多会使穿着者失去稳重感。

（二）社交场合款式

1. 款式选择

礼服产生于西方的社交活动中，是以裙装为基本特征，在某些重大场合穿着庄重而正式的服装。

礼服

2. 材质挑选

因为平时不会穿礼服，只有重大场合才穿礼服，所以礼服材质要有一定档次。

（1）缎面

缎面材质厚实有质感，而且手感顺滑，自带光泽感，是制作高级时装常用的材质。

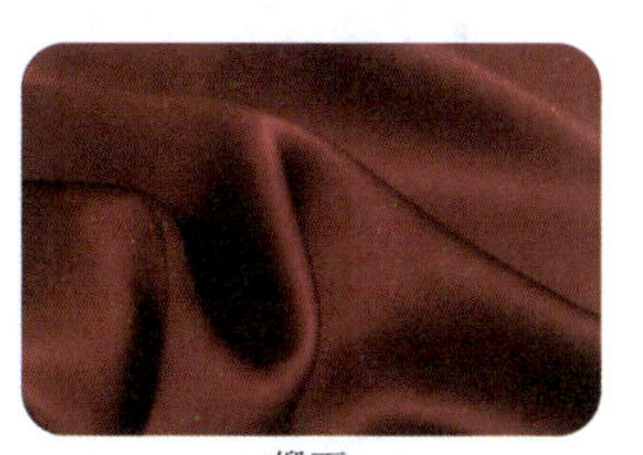
缎面

（2）蕾丝

蕾丝手感柔软舒适，独特精致的凹凸肌理感不仅可以将女性的浪漫优雅都凸显出来，还自带奢华感，修身的剪裁更是将曼妙的凹凸身材修饰出来。

蕾丝

（3）雪纺

雪纺经常被称为仿真丝，因为它具有真丝般的轻柔飘逸，同时材质轻薄、透明，具有良好的透气性，是时髦女性追求的时尚面料材质。

雪纺

3. 根据长度挑选

礼服长度不仅影响着礼服的好穿度，在一定程度上反映你造型的隆重程度，而且不同长度的礼服会影响穿着者的气场和气质。

（三）休闲场合款式

1. 款式选择

在休闲场合的服装款式主要有运动装、夹克衫、T恤衫、短袖衫、短裤、牛仔裤、吊带裙等。

2. 注意

休闲场合着装要注意：在非工作场合，如参加比较放松的娱乐活动，无论是去高级场合还是去普通场合，都不要穿套装、职业装或礼服，而是根据需要穿休闲装。尽管休闲装有很多类别，但共性都是强调舒适、无造型，或强调个性化，或突出个人魅力的款式。休闲装不像套装那样有很强的造型感，设计标准化，也不像晚装那样高于生活而不得不牺牲舒适与随意性。

休闲装

单元任务

不同场合（如商务场合，社交场合、休闲场合）服饰规范要求不同，通过拍照对比。

商务场合	社交场合	休闲场合

模块拓展

值得投资的单品——丝巾

丝巾距今有着悠久的历史。16世纪中期,丝巾作用开始有了质的改变,从最初作为一种遮挡的工具,转变成了点缀整体造型的配饰。20世纪50~60年代是丝巾应用与发展的巅峰时期,丝巾成了那个年代女性非常重要的一件单品。现今,丝巾的使用频率越来越高,成了女性优雅大方的一种表现手法。丝巾拥有设计感的同时,又很有时尚性和实用性。对于时髦优雅的女性,着装时搭配一条丝巾,不容易出现撞衫,甚至成为造型当中的灵魂。

丝巾的佩戴方式:①系在脖子上。丝巾系在脖子上是最经典的一种搭配方法。丝巾的颜色是非常多变的,款式也多种多样。丝巾能够填补脖间的空白,会使整体的造型变成亮点。造型当中多一条丝巾,既不失稳重又显活泼。②发带头饰。将丝巾当作发箍,有很多的女生在日常生活当中走文艺少女风格,都喜欢将小的丝巾拧成条状,然后打一个死结,直接就变成了非常好看的发箍。③系在包上点缀。一般情况下都会选择比较长的丝巾系在包上,让包有了新的变化,并且在整体造型当中非常显眼,可以将其缠绕在腋下包或者是手拎包上,特别突显个人气质,但需要注意整体颜色上的搭配。

丝巾搭配实操:①繁简应用。要想搭配好丝巾,就要学会丝巾和简单单品之间的应用,就如同繁简应用一样。简单颜色和简单款式的衣服应搭配鲜艳颜色或者是带有图案的丝巾,这样协调了整体造型的款式和颜色,让整体造型多了一个亮点,看上去会变得非常的独特。②衣服丝巾颜色呼应。丝巾最简单的一种搭配方式,就是同色系之间的呼应方式与搭配,与穿搭中的某一件单品有着颜色的呼应,会给人一种非常协调的感觉。

丝巾

1. 课堂收获

结合本模块内容,我学到了什么?

2. 反思感悟

结合本模块学习,反思我的问题是什么?我应该怎么做?

模块5
面试形象

李同学马上有一次转正面试,她非常珍惜这次机会,想在这次面试中展示最优秀的自己。于是,李同学咨询罗老师:如何赢得面试官的第一好印象呢?下面就让我们一起了解面试形象的禁忌。

了解面试形象塑造,不仅对个人职业发展的影响巨大,还有利于个人在面试活动中获得信赖和良好印象。因此,学生应结合其专业特点及未来岗位特征对其品德修养进行进一步锤炼,培养良好的职业素养、敬业精神,提高职业操守,树立正确的职场价值观。

单元5.1　面试形象的标准与禁忌

学习目标

1. 了解面试形象的重要性和原则。
2. 了解面试形象的基本要求。

学习重难点

重点：面试形象的重要性。

难点：面试形象的原则与基本要求。

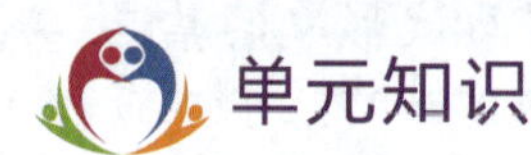

单元知识

一、面试形象——仪容

俗话说，机会留给准备好了的人。在商务面试环节中，应聘者优雅的谈吐固然重要，但是应聘者的个人形象（包括妆容仪表、发型、美甲等细节）会给面试官留下印象。要想给面试官留下深刻的印象，首先你就得有一个精致的整体造型。

（一）妆面：精简原则

面试当天一定要早起，不仅是为了让自己提前做好准备（如准备资料），更重要的是利用这个时间准备仪容仪表的修饰。简单来说就是精简护肤和精简化妆。

男士的面部修饰重点就是剃须以及修好眉毛，让人看着整洁，再进行面部护理修饰。精简护肤，干净清爽即可，特别是妆前，如果精华、护肤油、面霜等种类擦得太多，会给皮肤带来过多负担，后续上底妆的时候如果手法不当就很容易搓泥；如果初次尝试粉底，掌握不好使用技巧，也可使用出错率较少的BB霜产品，以免为了遮盖瑕疵反而弄巧成拙画成面具脸。面试时，可能回答面试官的问题比较多，所以唇部的滋润很重要。上妆之前可以给唇部做一个去角质：先厚涂一层唇膏或者凡士林，用保鲜膜敷住10min左右，再用热毛巾擦干唇部，能清除死皮滋润唇部。

女士在画眼影的时候可选择不易出错的大地色系，把握不好的情况下，用眼影刷蘸取浅棕色系淡淡轻扫眼部轮廓也能起到修饰眼睛去水肿的效果，让眼睛看起来更有神采；睫毛和眼线笔也是不可少的，为了给人留下亲和的印象，眼线笔可以选择深棕色、黑灰色，更显自然；画不好全眼线的话也可以只画眼尾半截式眼线，自然修饰眼形，适合化妆新手掌握。此外，女生选择腮红时不宜选择过浓或过于富有个性的颜色，淡淡的腮红轻微提气色显得健康自然即可。

(二)发型:整洁利落

不管你平时的洗头习惯是每天一洗还是隔几天才洗一次,都要在面试前一天晚上将头发清洁干净,不要让头油、头皮屑、乱翘的头发影响了你的个人形象。对于长头发女生,整洁地梳马尾或者半披发就可以,简单大方;佩戴适当的发饰也可以给发型加分,不需要有过于复杂花哨的样式。

(三)香水:清新淡雅

面试时巧妙地运用香水来为自己加分也是一种聪明的办法,可以在手腕、耳后位置喷洒,也可以随身携带同款香型的香膏,面试前补涂一些,有助于放松,缓解紧张情绪。使用香水时,应遵循浓而不呛的原则。例如,清新的海洋型香水、森林型、木质类香型都很受欢迎。

(四)指甲:整齐干净

指甲是面试官可能会注意到的细节,让指甲保持干净、整齐的形状和颜色即可。男士主要遵循修而不饰原则;女士在美甲的颜色上应遵循淡雅不跳跃原则,可选择透明色、淡粉色或淡咖啡色这三种最稳妥的颜色,搭配衣服的类型范围也比较广。另外,指甲不宜过长,否则显得不够稳重。

指甲油

二、面试形象——服饰

(一)着装:朴素典雅

面试着装应遵循五大基本原则,即场合原则、时间原则、地点原则、角色原则、整洁平整原则。此外,面试着装还要注意与当时的环境相协调,款式和尺码等要体现合体性等。

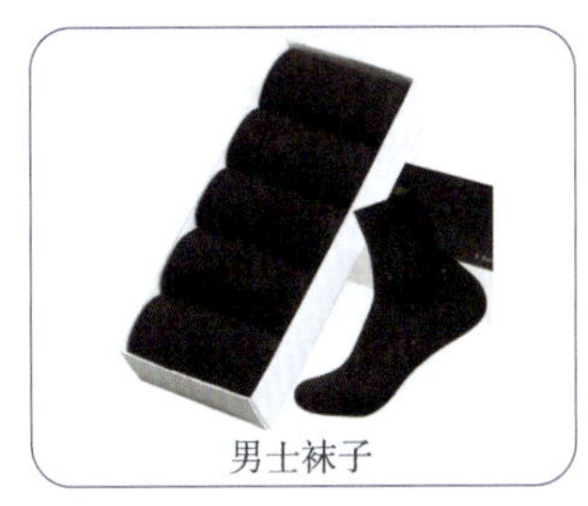
男士袜子

(二)鞋袜:细节之处加分

面试时,应聘者尽量不要选择尼龙袜或者白色的袜子,男士应该注意鞋袜和西服的搭配,皮鞋一定要清洁,黑色是首选,避免尖头、亮面的款式;袜子应该选择黑色或与裤子、皮鞋的颜色相似,而不能是浅色、花色或者是白色,黑色皮鞋配黑色袜子且长度要在坐下后不露出皮肤。

女士皮鞋

女士穿套裙时比较适合穿皮鞋,建议选择3~5cm的高跟鞋。根据套裙的颜色可以搭配肉色或者深色连裤袜,不能穿黑色的或者镂空的丝袜,女性在面试时也不能穿凉鞋、凉拖等。

三、面试形象禁忌

(1)形象邋遢或者过度浓妆艳抹:你可能是个自然主义者,生活中不喜欢化妆,但面试时最好化淡妆,遮住黑眼圈、瑕疵斑点,更显精神自信,而浓妆显得浮夸、不够端庄。

(2)穿着过于裸露或者紧身性感的款式:在面试环节,应选择大方合体的款式,避免穿着过于裸露和紧身的款式,以免给人留下轻佻的印象,显得不够稳重。

(3)佩戴过多的饰物:精简饰品,男士一般不佩戴首饰,但可以戴手表,简单表盘、正式商务一点的款式即可;女士饰品应简单精致,不宜繁多,特别过于时尚、个性、夸张的饰品,如铆钉类的在面试场合是不可取的。

(4)脏污和皱褶的服装:各种破洞、脏兮兮或者皱皱的衣服,可能"显酷",但不适合面试场合,也会让人觉得不正经,缺乏诚意。另外,目前流行的故意皱褶或破洞风格,也不适合面试场合。

(5)过于花哨、太鲜艳的衣服:粉红色、荧光绿等过于跳跃的颜色谨慎选择,容易显得廉价并且过于随意,不适合面试场合。

(6)涂深色系的唇膏:在面试环节中,中立色,略带粉或橙色的唇膏颜色对亚洲人来说就是最好的修饰色,显得自然,富有亲和力;哪怕唇色深,也可以先用裸色粉底液轻拍,弱化唇色,然后再上色,不要涂过多的唇彩,滋润光泽自然就好。

(7)露趾鞋:在面试环节,无论男女都忌穿露脚趾和脚跟的凉鞋或者拖鞋,随意邋遢,不庄重。

一、自我简介准备

1. 面试仪容服饰。
2. 中英文简历。
3. 录音听自己的表达,练习表达能力和逻辑。

二、模拟面试,建立自信

1. 小组展示。
2. 相互提问接受面试应答。
3. 组织模拟面试,体验面试环节及氛围。

三、模拟面试评分表

仪容仪表	要求细则	总分	得分
发型面容(20分)	男生:干净整洁、前不抵眉、侧不掩耳、后不触领、不留胡须; 女生:干净整洁、前不盖眉、侧不掩耳、后不过肩(长发扎起或盘起)、化淡妆		
服装要求(10分)	干净、熨烫挺阔、纽扣齐全、无破损		
精神面貌(20分)	仪态端庄、表情得当、礼貌得体		
语言表达(20分)	礼貌用语、语速适中、音量语调合适		
自我介绍(20分)	仪态大方、热情问候、介绍清晰、礼貌结束		
现场答辩(10分)	思路清晰、回答准确、应对得当		

单元5.2 面试发型

学习目标

1. 了解发型对面试形象塑造的重要性。
2. 掌握面试发型的基本要求。

学习重难点

重点：面试发型的标准。
难点：面试发型的实际操作。

单元知识

一、体现干练气质的发型

在面试时，应塑造干净、清爽、自信的精神面貌，而简单大方的发型能给面试官留下干练、有气质的良好印象。

（一）女士

女士发型应结合自身脸型、身高、发量进行修饰，注意刘海的长度不能遮眼，发色以黑色、深棕色、棕色等深色和自然发色为主，见表5-1。

女士发型及搭配技巧 表5-1

类型	搭配技巧	图片
扎发（适合中短发）	简单的马尾，既让人感觉清爽利落，又能凸显青春活力。对中长发、中短发不好做造型的女生来说，马尾是最佳的选择。在面试造型中，马尾可梳为中、高马尾和低马尾，可以根据发长和自身特点进行选择	
盘发（丸子头）	长发的女生在面试的时候不宜披头散发，显得没有精神并且不显干练。建议将头发盘起，梳成发髻，多余的碎发收起来；要想青春活力点，可以高梳头发在头顶上挽圈，扎成清爽的丸子头，还有显高的效果。发髻于后脑勺中低位置盘绕固定，就是非常职业的礼仪发髻，凸显职业干练气质	

丸子头技巧

丸子头固定

丸子头扎发

续上表

类型	搭配技巧	图片
把耳边碎发卡起来（适合短发）	过于细碎的短发，虽然生活中看起来很有型，但是面试中会有些过于凌乱的感觉，建议可以将耳侧碎头发尽量梳理伏贴，或是将碎头发别到耳后	

（二）男士

面试发型建议清爽短发。不宜过长，长度不超过耳和眉。发色不要五颜六色，以黑色、深棕色等深色为宜，见表5-2。

男士发型及搭配技巧

表5-2

类型	搭配技巧	图片
碎刘海	有点碎刘海的发型适合额头比较高的男生，充满了阳光活力气质，也不会显幼稚。两边鬓间稍微修饰，刘海随意剪成碎刘海，顶部头发稍微蓬松，纹理处理，给人干净舒服的好印象，适合刚毕业的男生	
寸头	寸头很挑剔脸型，显得很干练，是能展现出男子汉气概的一种发型。气场不强、脸部轮廓不好的男士不建议剪寸头，这类男士剪寸头反而会显得不好看	
露额短发	露出额头的短发，刘海较短，露出脸部轮廓，不仅能够修饰脸型，而且显得精神干练	

二、面试发型禁忌

（1）忌披头散发，发型应保持干净利落，避免过于标新立异。

(2)刘海不能遮眼,装饰类的发饰尽量保持简单,以“素雅”为主,而且头上顶多搭配一个发饰就可以。

(3)少用头发造型产品,没有美发技术的新手在使用定型产品时很容易用过量,反而使头发看起来油亮、黏腻,失去了清爽健康的形象。

(4)慎选发色:头发的颜色在面试环节中忌讳五颜六色和挑染,黑色相对来说是安全色,适合各种类型面试。

单元任务

分析自己的脸型,将目前发型拍照和期待的发型效果图作为备选,在面试前一周做发型准备。

脸型分析	目前发型	期待的发型效果备选

单元5.3　面试妆容

学习目标

1. 了解面试彩妆原则。
2. 了解面试前护理流程。
3. 掌握面试裸妆技巧。

学习重难点

重点：面试裸妆的方法。

难点：根据自身特点完成面试妆容。

单元知识

一、面试前护肤流程

要想面试时拥有健康自然好气色，日常护肤少不了，特别是面试前夜，可进行一次皮肤集中修护及其保湿护理，而且注意面试前夜睡前不要过量喝水或者食用高盐食物，预防第二天水肿，并保证好充足睡眠。

晚间是皮肤最佳吸收时间，特别是晚11点到凌晨5点这段时间，细胞的生长最旺盛，在11点前护理完皮肤并早睡，第二天就会保持良好的精神状态和气色！

1. 洁面

根据不同肤质和需求选择洁面产品，在手心充分打泡后使用，轻轻打圈按摩整个面部，然后轻轻打圈按摩10～20s，注意手法要轻，避免手掌和面部摩擦产生皱纹；一般氨基酸类洗面奶呈弱酸性，更加接近人体皮肤的RH值，更温和，对皮肤的刺激小。

2. 深层清洁去角质

如果脸上的角质层过厚，就会影响肌肤对护肤品的吸收，也会让肌肤失去光泽，过多的老废角质堆积于肌肤上会造成肌肤负担，因此适当去除表面的老废角质，可以让肌肤重新呼吸。特别是男士，平时皮肤护理少，角质层偏厚，油脂分泌过多导致毛孔比较粗大，养成定期去角质的习惯，可以更好地维护好肌肤水油平衡。在夜间护理中，彻底清洁脸部后，皮肤表面的脏东西清洁干净之后，就可以去除角质了，根据肌肤状况选择适合的产品，使用的时候手法轻柔，用手指由内往外打圈的方式进行；去角质后，要做好补水锁水。去角质由于每个人的新陈代谢不同，建议一周一次，不需要太高频。另外，需要注意的是，脸上有痘痘、粉刺、干燥脱皮、红血丝等皮肤问题和正处于过敏期的肌肤不适合去角质。

3. 敷面膜

为了在面试时拥有更好的精神状态，展现出健康光泽的面容，在面试前夜可以选保湿型面膜集中补水修护，面试当天有化妆需要的话还可以帮助底妆更自然伏贴，不易脱妆。敷面膜前应先用热毛巾敷脸打开毛孔，以帮助后续吸收。若是肌肤比较干燥，建议敷面膜前用爽肤水打底。正常敷面膜的时间是15～20min，不需要长时间敷面膜，否则容易造成毛孔堵塞。

4. 后续保养（眼霜、精华、面霜/乳液）

眼霜的使用顺序是在爽肤水之后，不会造成眼部负担过重且长脂肪粒的情况；然后使用精华，精华放在较前的步骤中，有利于后续吸收乳液、面霜等营养成分，精华也是所有步骤中最重要的一步，它比水乳霜的功效更好；乳液比较清爽，一般在夏天使用，特别油皮时使用轻薄乳液更合适，否则容易闷痘；干性皮肤或者衰老性皮肤可根据情况使用滋润保湿的乳液或者面霜。

5. 唇部保养

面试前夜的唇部护理也很重要，因为第二天面试交谈比较多，容易干燥，可以在睡前涂唇膜或者厚涂凡士林，第二天唇部会变嫩。

二、面试精致裸妆

裸妆的“裸”字并非“裸露”、完全不化妆的意思，而是妆容自然清新，虽经精心修饰，但并无刻意化妆的痕迹，又称为透明妆。裸妆的重点在于粉底要轻薄，只用淡雅的色彩点染眼、唇及脸色即可。淡雅、自然、有亲和力的精致裸妆在面试造型中非常重要。裸妆步骤见表5-3。

裸妆步骤 表5-3

裸妆步骤	步骤要点	图片	资源
粉底	粉底选色很重要，在自然光下找出接近自己肤色、轻薄、液状或干湿两用粉底。化妆时，借助化妆海绵推开，均匀且轻薄，然后扑上一层薄薄的蜜粉，隔离定妆；对于干性皮肤，只需在T区扫上蜜粉，隔离定妆即可		底妆
眉形	对于自然清新的裸妆来说，应避免眉毛的刻画和修饰过于明显。修剪整齐好眉毛后，用眉刷将自然、灰棕色的眉粉轻轻刷于眉毛的轮廓，按照原有的眉形淡淡描画就行，不必刻意修饰；对于眉尾缺失部分可用同色系眉笔稍加补画即可，完成后可以在眉骨下方补一些白色提亮眼影粉，能突出眉骨，使整个脸更显立体精致。需要注意的是，提亮眼影粉避免选用珠光亮片，应选用亚光眼影粉，自然提亮		眉形
眼妆	裸妆对眼部妆容的要求是明亮清澈。眼影首选低调亚光的大地色系，用眼影刷蘸取浅咖（棕）色系，先在眼窝、眼睑部位上底色，然后在双眼皮褶皱处加深色稍微晕染点，眼影稍加修饰就可以消除水肿，达到眼睛放大深邃的效果。睫毛是裸妆眼妆的关键，上睫毛膏之前，一定要用睫毛夹夹翘，卷翘的睫毛让两眼看起来更有神，还可以使用睫毛定型产品增加睫毛支撑能力，然后再涂睫毛膏，就能刷出根根分明又持久卷翘的睫毛了，使得眼睛明亮有神，整个人更显神采奕奕		眼妆
腮红	腮红可以修饰脸颊轮廓，追求干净透明的裸妆效果。腮红是女生提升气色的重要法宝，可以用浅粉色或者浅橘杏色的腮红来修饰，选取大号化妆刷轻扫脸颊两侧，有点颜色即可；也可以选用膏状或者液体腮红，少量轻拍均匀，就会有非常健康的润泽感，更显自然		腮红

续上表

裸妆步骤	步骤要点	图片	资源
唇彩	裸妆不宜选用艳丽的口红颜色。唇的护理相对来说比较重要，选择一款滋润度高的口红，使用比较温柔且和唇色颜色较为接近的颜色，如豆沙色、珊瑚色、淡粉色，看起来沉稳大方，淡雅得体		唇彩

三、面试彩妆易被忽略的问题

(1)妆容简单大方，主要以提气色为主，因此，淡淡的大地色、奶茶色、裸色系就可以，不要选用大亮片珠光或者非常鲜艳的颜色。

(2)近视的女生最好不要选用夸张大直径的美瞳花色，最好选用无色的隐形眼镜。

(3)涂抹粉底液的时候一定要照顾到脖子，不然脸和脖子的颜色不一样，会显得假面。

(4)睫毛自然卷翘就可以，不需要涂抹过多睫毛膏，因睫毛短疏有嫁接睫毛习惯的最好嫁接最自然的睫毛款型。睫毛膏记得选择防水防汗的，避免因紧张流汗导致晕妆的问题。

(5)修眉是必不可少的，是修饰眉形的重要步骤，对男女都很重要，特别是男士容易忽略，男士修剪好眉形能加强面部整洁度，提升气质。

单元任务一

修眉和眉毛的修饰：练习眉毛的修饰，通过拍照对比眉形的变化。

修剪前	修剪后	修眉后

单元任务二

掌握面试化妆技巧,通过拍照或者视频实践操作,进行妆前与妆后对比

妆前素颜	面试妆后	总分(每项分值10分)
		妆前护理:
		底妆:
		眼妆:
		眉毛:
		腮红:
		口红:

单元 5.4　面试着装及细节要求

1. 了解面试着装的基本要求和禁忌。
2. 掌握面试着装的搭配技巧。

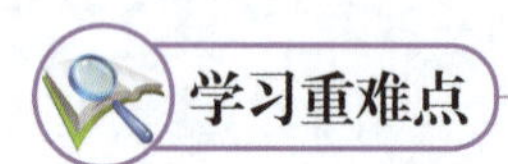

重点:面试着装的基本要求。
难点:面试着装的搭配技巧。

一、女士面试着装搭配宝典

着装简单大方是女士面试穿搭的第一要点。面试场合不讲究时髦洋气,得体大方才是重点。因此,面试时应注意服饰的搭配,选择庄重、素雅的着装,以显示出稳重、文雅、严谨的职业形象。衣服款式不必过于复杂,复杂的款式对个人的干练形象是种累赘,颜色上以黑色、白色、灰色为主,这三个颜色既简单又高级,也是最经典的面试色。另外,莫兰迪色系也能显得放松自然。低饱和度颜色的衣服不仅提气色,而且显温柔知性。

西服套装

(一)稳重的代表——套装

相比男士,女士的服装比较灵活,女士套装的款式也很多。根据年龄选择剪裁得体的西装西裤,选择搭配合适的内搭,会让整个人显得高雅而有气质;选择套裙时,裙子长度应在膝盖左右或以下,裙子过短有失庄重。面试时,所穿着服装颜色以淡雅或者同色系的搭配为宜,显得稳重、自信、大方、干练。

虽然颜色鲜艳潮流的时尚款式会使人显得活泼、有朝气,但是颜色过于花哨,而时尚的 T 恤衫、迷你裙、牛仔裤、破洞裤等,或者暴露太多的服饰,或者过于紧身的款式,这些服装都不适合面试,会给面试官留下随意、不端庄的印象。

偏休闲款的"西装 + 西裤(半身裙) + 小皮鞋"是面试穿搭的万能公式,既不会显得过于严肃隆重,也不会让感觉懒散随意,比较适合年轻面试者。

女士白衬衣

(二)经典搭配——白色衬衣

白色衬衣是永不过时的经典。面试时,简单的白衬衣与西装裤、职业半身裙的搭配，既显简约又不失时尚稳重。白衬衣的款式需要简单得体，单穿时有领子的款式比较正式简约；作为女士外套西装的内搭时根据服装整体搭配还可以选 V 领、小立领、系带等不同领型。

（三）其他穿搭

1. 丝袜

穿裙装时袜子搭配很重要，肤色袜子是商务着装最雅致的，忌穿黑色袜子或者网眼袜子。为防止袜子脱丝，面试时可以多带一双，以便及时更换。

女士船鞋

2. 船鞋

在鞋子的选择上以便利、大方为主。面试时，不要穿长而尖的高跟鞋，不要穿凉鞋和露趾的鞋类，3cm 左右的中跟鞋是最佳选择，遵循舒适好走路的原则。若是不习惯穿跟鞋或者高个子女生可以尝试皮鞋、乐福鞋、马丁这类型鞋款，也能呈现稳重的气质。

女士皮包

3. 包款

面试时，包的款式可以选择硬挺一些，线条明显，更有专业度，显得比较有精神，包的大小能放下面试资料，如公文包类型，朴素大方，不要太亮丽。

（四）饰品选择——少而精

面试时，尽量少戴首饰，干净利落最为重要，款式上忌浮夸、亮眼的饰品，垂坠款的耳环应换成素雅耳钉款，小巧不引人注目。戒指也不宜太多，适当点缀即可。

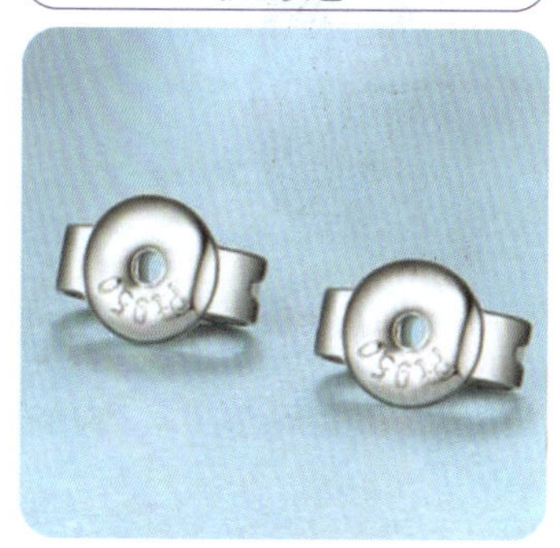

耳钉

二、男士面试着装搭配宝典

西装套装是男士面试时的正规服饰，西装 + 西裤 + 衬衫的搭配是男士的经典商务着装搭配，能够给面试官稳重的第一印象。在材质上，一定不能是闪光质感的面料，可选轻薄舒适的面料，四季都可穿着；在款式上以简约为主，不要有镶嵌装饰和浮夸的款式；在色彩上，黑色最安全，也可以选择深蓝色、深灰色偏保守的颜色，谨慎选择深棕色、米色、白色，特别浅蓝色、闪光黑、金属灰等偏时尚跳跃的颜色

男士西服套装

当然如果有一些创意类岗位，应聘者也可以通过休闲西装的搭配来表达自己的风格，展现商务休闲风格，但不能过于休闲，整体着装从上到下不能超过三种颜色，否则会显得杂乱而缺乏整体感，反而弄巧成拙。

1. 衬衣

面试场合中，男士衬衫的颜色选择的幅度更小，白色系和蓝色系最稳妥，是面试时选择最多的颜色。白色系是不变的时尚，适合不同年龄

男士衬衫

人群。白衬衫变化繁多,搭配不同的套装和领带可以有不同的风格展现。蓝色的衬衣,色调偏浅显优雅年轻活力,色调偏深显稳重和保守。另外,面试时,衬衣的款式最好选择有领子的衬衫,无论搭配正装还是单独穿,都显得比较正式;无领子的款式过于休闲。

2. 领带

领带可以为衣服增色,适合正式场合。纯真丝领带的职业效果比较好,亚麻质领带偏休闲、易起皱,人造纤维领带有发光的特点,面料廉价显得不精致。在西装套装中,如果不打领带的话,也可以选择穿件深色的衬衫,有暗条纹或格子的修饰,让人感觉不单调;或者换一件领子较阔的白衬衫,让衬衫领子自然地在西服领子中,增加时尚感。

领带

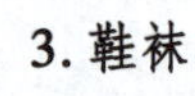

3. 鞋袜

面试时系鞋带的皮鞋是最保守的选择,无鞋带的皮鞋也比较大方得体,但款式上不能过于休闲,颜色上以黑色和深棕色最佳,其他材料和颜色都不妥。袜子的款式与颜色应与衣服搭配相和谐,如黑色、深蓝色、灰色等,袜子的长度应该以你跷腿时不露出太多的胫骨为宜。

皮鞋

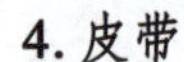

4. 皮带

皮带质地建议选择皮质的,比较质感,带扣的款式应简约大方,颜色尽量与选择的鞋子相匹配。黑色皮带最为百搭。男士皮带宽窄应保持在3cm。皮带太窄会缺阳刚之气,宽皮带适合休闲风格。

皮带

单元任务

整理衣橱,盘点适合面试的衣服、鞋、包、袜子、皮带及饰品并进行分类,对于必不可少的单品应提前准备。

套数	上衣+裙装或裤装	饰品	包	鞋	袜子
首选搭配					
备选搭配					

模块拓展

面试前的准备

面试前做好充分的准备，能让你对面试胸有成竹。

1. 面试前期准备

(1)了解面试单位(企业)的发展及文化、业务情况。通过关注单位(企业)的官网、行业相关新闻等，了解单位(企业)基本情况。

(2)认真分析面试岗位的职责要求。分析岗位的职责要求，梳理自己过往工作经验、成绩、个人能力，与面试岗位的优势。

(3)准备面试过程中提问的相关问题。准备一些与单位(企业)和岗位相关的问题，在面试中有些环节可以预先准备和面试官沟通交流，有更多展现自己的机会。

(4)面试前夜认真护肤。为迎接第二天的面试，拥有饱满的精神面貌，面试前夜应认真护肤，早睡早起，养出好气色。

(5)检查仪容仪表。面试前夜应检查面试当天的着装及搭配，对衣物有褶皱的地方及时熨烫，保证面试着装的整洁得体。面试前，简单修饰，女生可以画个精致裸妆，给人一种精神饱满的状态，更显气质。

(6)准备好个人相关材料。

2. 模拟面试

在参加面试前，提前进行一轮模拟面试，下面的几个问题是面试过程常出现的：

(1)请简单地介绍一下自己。

(2)为什么会离开现在的公司？

(3)你对自己是怎样定位的？

(4)你最大的优点和缺点是什么？

对于面试，应尽可能准备充分，根据自身岗位特点提前预判一些问题进行一次模拟面试。

1. 课堂收获

结合本模块内容，我学到了什么？

2. 反思感悟

结合本模块学习，反思我的问题是什么？我应该怎么做？

形体训练篇

模块6
形体训练的认知

赵同学考入航空院校，当她拿到学校制服时却高兴不起来，因为她的体形偏胖。看着自己有些发胖的体形，她暗暗下定决心一定要塑造出自己满意的形体。幸好学校开设了形体训练课，李老师建议她从对形体的基础认知开始，循序渐进地实施计划，科学地进行训练。让我们一起开始形体训练的学习。

提升健康的审美能力，塑造优雅的形体气质。将形体训练内化为自身的修养，以形体美为特征注重自身美的塑造，使形体美与内在美达到和谐统一。

单元 6.1　形体训练概述

1. 了解形体训练的概念。
2. 初步掌握形体训练的基本原则。

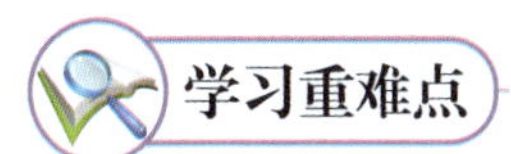

重点：形体训练的概念。
难点：形体训练的基本原则。

单元知识

一、形体训练的概念

形体训练是一个有目的、有计划、有组织的训练教育过程。人们通过练习可以提高的身体素质，塑造优美形态，培养高雅气质，陶冶高尚情操，纠正生活中的不良姿势。将形象塑造与形体训练相结合，可为打造个人综合形象打下基础。

一个人的形体除了训练外，还受饮食、作息、情绪等因素的影响。因此，形体状态往往反映生活的自律程度。通过科学的训练，塑造形体美，无论是对生活、工作，还是对个人生命的自我完善，都具有非凡的意义。

二、形体训练的原则

形体训练是一个锻炼健康体魄、训练仪表仪态的过程，只有拥有健康、充满活力、朝气蓬勃的身体，才能体现形体美、仪态美、气质美。在形体训练时，应遵循一定的原则，具体包括如下。

（一）科学性原则

形体训练应采用科学的手段，根据身体结构各部位，有目的、有计划、有组织地训练；通过某一动作的刺激，提高兴奋度；动作的强度、幅度、力度、准确性及呼吸方法要具备科学性；选择适当的音乐和训练场所；科学地评定训练效果。

（二）时效性原则

形体训练必须有明确的训练目的和训练动机。形体训练的目的是促进身体的健康发育和增加健康指数，提高学生身体素质和提升形象气质。形体训练是一个漫长的过程，每一个训练内容和训练阶段都要有明确的目的要求，调动学生训练的积极性，从而达到训练的时效性。

（三）多样性原则

因为身体体质不同，在训练的不同阶段身体会产生疲惫感。时间长会觉得枯燥，意志能力差的人很难坚持下去。所以要采用多种形体训练的内容、形式和训练方法，丰富内容，动作多样，调动和调节学生的积极性，培养学生自觉、积极、主动地参与训练，克服训练的单调疲惫，达到训练后的良好状态。

（四）循序渐进原则

在训练过程中，需要遵循“由易到难、由简到繁，逐步提高教学难度和要求”的原则。形体训练课程要循序渐进，训练教学既要合理有序，也要符合训练的客观要求，在保证学生身心健康的情况下，增强学生的接受能力，提高练习效果，同时注意防止训练伤害事故的发生。

（五）坚持性原则

塑造完美的形体不是一天之功，因此要求我们持之以恒，使形体训练对人体各部位产生持久的、有效的影响，并逐渐形成一种“习惯”。坚持训练更有助于生物节律的形成，使人体逐渐适应和有准备地参加练习，进一步提高训练效果。

(六)全面性原则

形体训练需要全面发展,包括身体各个部位的锻炼、各种身体素质和基本活动能力,力求全面地影响人体,因此要合理地选择内容,全面增强人体运动系统、内脏系统和神经系统的功能,促进生长发育和身体素质全面发展。形体训练不仅能使形体得到良好的改善,还能使人的气质变得更加优雅脱俗。通过形体训练,人在美好的艺术氛围中得到了健康发展,增强了审美意识,提升了综合素质。

1. 你对形体训练的理解与期待

____

2. 自我观察并记录

优势部分:______________________________

待改进部分:______________________________

单元 6.2　形体训练的内容与要求

1. 了解形体训练的内容和特点。
2. 掌握形体训练的基本要求。

重点:形体训练的内容。
难点:形体训练的基本要求。

单元知识

在日常生活中,年轻人往往会忽视自身形体的重要性,或因不良习惯,或其他原因,出现脊柱侧弯、弓背含胸、端肩缩脖、腿部弯曲等不健康的体态。通过形体训练,从实际出发有针对性地练习,会让体态更健美。形体训练种类繁多,下面我们来了解几种不同的形体训练分类及内容,熟悉形体训练的基本要求及注意事项。

一、形体训练分类及内容

(一)根据训练达成的效果分类

形体训练根据训练达成的效果可分为以下三类。

1. 基本功训练

基本功训练是形体训练的重要内容之一。在练习中可采用单人练习和双人配合练习两种形式。通过柔韧性、核心力量和肌肉练习,可对人体的肩、胸、腰、腹、腿等部位进行锻炼,以提高人体的支撑能力和柔韧性。基本功训练的内容较多,在训练时应根据个人的自身状况循序渐进,注意承受能力,避免运动伤害。

2. 协调性训练

协调性训练是对人体形态进行系统训练的专门练习,是提高和改善人体形态协调和控制能力的重要内容。通过地面、把杆、跳跃、姿态等大量动作的训练,进一步改变身体形态的原始状态,逐步形成正确的站姿、行姿及身体动作,提高形体动作的协调性和美感。协调性训练对动作要求比较严格,训练时学生要做到持之以恒。

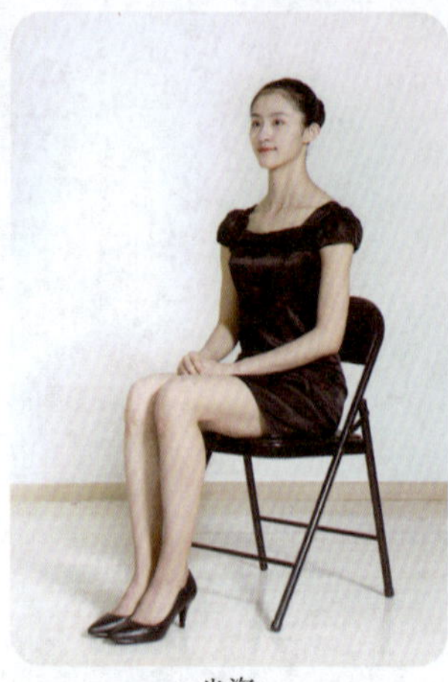
坐姿

3. 仪态训练

人的基本仪态是指坐、立、行走。当这些基本仪态呈现在人们眼前时会给他人挺拔、高雅、赏心悦目的美感。一个人的仪态具有较强的可塑性和稳定性，通过形体矫正和仪态训练，可以改变诸多不良体态，如斜肩、含胸、松垮等。

（二）根据训练步骤分类

形体训练根据训练步骤可分为以下四类。

1. 热身训练

热身训练的主要目的就是加速脉搏、升高体温、拉伸肌肉，使机体从平静的抑制状态逐渐过渡到活动兴奋状态。没有哪一种运动不需要热身，如果不做准备活动，肌肉达不到预期的训练效果，容易受伤。

热身训练

热身训练可以选择以慢跑、柔软体操、原地踏步操等方式。每次热身运动最好视个人体能不同，持续 5 ~ 10min。

2. 软开度训练

软开度训练主要是针对肩、胸、腰、腿、胯等五个部位进行柔韧性强化训练。

软开度训练

柔韧性运动以静态的伸展动作为最佳，这种练习可以增加身体的延展性。每一个伸展运动都应该持续 20s 以上，然后放松、深呼吸。注意：在做伸展运动时不要弹压，避免造成运动伤害。在有氧运动前后做适当的柔韧性运动，可以达到较好的拉伸效果。柔韧性运动需要持之以恒，这样身体的伸展性会越来越好，柔软度也会越来越佳。

3. 有氧训练

有氧运动不仅可以增加活力、舒缓压力、放松心情，还可以增强心脏功能，帮助燃烧体内多余的脂肪，而燃烧脂肪需要氧气，也就是说，有氧运动可以帮助身体处于“有氧”状态。

有氧运动的时间要慢慢增加，不要超过本身所能负荷的程度。每个人的体能情况不同，不应该用他人的运动方式作为自己的标准，而是逐渐地、不间断地锻炼自己的体能与耐力素质。

仪态训练

有氧运动的种类很多，包括健美操、慢跑、骑脚踏车、游泳和跳绳等，或是使用一些有氧器械，（包括划船机、跑步机等）来进行。进行有氧运动的时间可根据个人体能状况而定，但每次最好持续 30min 以上。就运动强度而言，中等运动强度较适合。中等运动强度通常可通过心率测定来控制，心率可控制在 150 ~ 180 次/min。

4. 仪态训练

仪态美可以反映一个人的内心世界。例如，稳健、优雅、端正的姿势，敏捷、准确、协调的动作，反映了一个人良好的气质、精神和文化修养。人的身体姿态具有较强的可塑性，也具有一定的稳定性，这些都可以通过仪态训练得到提升。因此，仪态训练非常重要。

二、形体训练的基本要求及注意事项

形体训练主要通过基础舞蹈的练习，促进肌体各个器官、系统之间的相互协调，使肌体始终处于一种运动状态。形体训练具有连续、协调、速度、力量等特点。通过长期的训练，可以帮助学生塑造优美的形体。

（一）形体训练的基本要求

（1）训练前，必须做好准备活动，活动身体各个关节，运动后要做好放松。

（2）训练时，穿着有弹性的紧身服装或宽松的休闲服、舞蹈鞋或健身鞋。

（3）训练时不能佩戴饰物，以免发生伤害事故。

（4）训练过程中要注意动作与呼吸的协调配合。

（5）无论哪种形体训练都要有计划、有步骤，循序渐进，切忌忽强忽弱、断断续续。持之以恒，力求系统地掌握形体训练的有关知识和方法。

（6）保持训练场的整洁和安静。

（7）在做器械练习时，要有专人指导和帮助，特别是联合器械的运用，要注意训练的安全。

（8）在训练中和训练后要注意补充适当的水，同时要注意饮食营养的合理搭配。

（二）形体训练的注意事项

（1）自身生理机能的检查。通常用测量运动前后的心率、血压和肺活量等方法检查运动后疲劳和恢复的程度，合理安排锻炼的时间和运动负荷。

（2）运动形式合理。形体训练以培养良好形态为主，选择多样化的练习形式。例如，将无氧运动与有氧运动相结合，促进心肺和肌肉功能的协调发展；将全身与局部的练习相结合，既要针对身体某部位进行强化训练，又要兼顾身体的全面发展。

（3）注重合理的营养和膳食结构。形体训练的目的是改善形体，增进健康。当饮食提供的营养不足时，人体会因营养不良而影响锻炼效果；当饮食提供的营养过剩时，人体也会因营养过剩而发胖。因此，在形体训练的同时，要根据形体训练的基本要求，依据各类食物的营养成分及所含热能，科学、合理地制订和调整个人的饮食计划，改变不良的饮食习惯，注重膳食营养的收支平衡，才能有效地达到形体健美的目的。

（4）在相同时间条件下，运用同一种测量方法进行体重、身体各部位围度的测量。每周进行一次测量，然后将测量数据进行对照，可以检测与分析身体的变化情况。

单元任务

活动任务：说说你最喜欢的运动项目有哪些，训练效果如何？

活动要求：小组分析讨论，并分享讨论结果。

单元 6.3　形体美的标准及训练自我检测

学习目标

1. 了解形体美的标准。
2. 掌握形体美相关评定方法和指标。

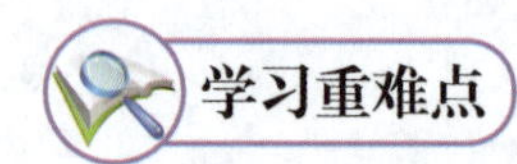

学习重难点

重点:形体美的标准。
难点:形体美标准的测量方法。

单元知识

形体在日常生活中一般称为“身材”,主要指正常情况下身体表现出来的外部形状和身体姿态,即人的体型和体态。形体美包括人的体型美和人的体态美。

一、形体美的构成

形体美既是一种自然现象,又是一种社会现象。在人类历史发展的过程中,形体美的评价标准多种多样,受不同时代、不同地域、不同年龄和不同性别的影响而呈现各种不同的见解与尺度。在我国历史上就有“唐肥汉瘦”的形体审美标准的记载。新时代青年追求的是充分体现健康、力量、舒展而积极向上的健、力、美。因此,了解形体美的评价标准,也就明确了形体训练的方向和目标。

形体美由以下三个层次构成:

(1)人自然身体的形式美。

(2)人修塑自身的装饰美。

(3)人内在蕴含的精神美反映在外在形体的气质和活力美。

二、形体美的标准

从体育的角度看,形体美的标准包括体格、体型和姿态三个方面内容。

1. 体格

体格包括人的高度、体重、围度、宽度、长度等。人体形态变化的三项基本指标包含身高、体重和胸围。

2. 体型

体型是指身体各部分的比例,如上、下身长的比例,肩宽与身高的比例,各种围度之间的比例,等等。

3. 姿态

姿态是指人坐立、行走等各种基本活动的姿势。

从美学的角度看,形体美的标准有五个基本要素:均衡、对称、比例、曲线和韵律。

男性形体美的标准:

骨骼发育正常,关节不粗大凸起;肌肉发达,皮下脂肪薄;五官端正,与头、面部比例协调;两肩对称宽阔,三角肌发达;胸部肌肉轮廓明显;腰部扁平;腹部平坦,肌肉轮廓及腱划隐约可见,躯体呈倒三角形;呈现出男性充满力度的体态。

女性形体美的标准:

女性形体呈 S 形曲线,骨骼发育正常,关节不粗大凸起;肌肉匀称,皮下脂肪适量;五官端正,与头面部配合协调;两肩对称、曲线圆润;视曲线明显;腰部细圆,微呈圆柱状,腹部扁平;呈现出女性玲珑浮凸、袅袅婷婷的体态。

综上所述,形体美的标准概括如下:

(1)躯干骨骼发育正常。

(2)四肢长而直,关节不显得粗大、突出。

(3)腰细而结实;五官端正。

(4)二肩平正对称,男宽女圆。

(5)胸廓饱满。

(6)臀部圆翘,球形上收。

(7)腿修长而线条柔和。

(8)踝细、足弓高。

形体训练一定不能少了对自身身体的检测，一个人要想有针对性、有重点地塑造肌体的每一块肌肉，就必须知道标准身材需要具备哪些指标，对身体的肌肉及脂肪含量有一定的了解，掌握形体测量的方法和手段，以完成相关数据的收集。

三、形体美标准的测量方法

(一)女性形体美标准的测量方法

(1)女性标准体重(kg)：[身高(cm) - 100] × 0.85。

(2)上下身比例：以肚脐为界，上下身比例应为5∶8，符合“黄金分割”定律。

(3)胸围由腋下沿胸的上方最丰满处测量，胸围应为身高的一半。

(4)腰围：腰的最细部位围度比胸围小20cm。

(5)髋围在体前趾骨平行于臀部的最大部位测量，髋围应比胸围大4cm。

(6)大腿围在大腿的最上部位、臀折线下测量，大腿围应比腰围小10cm。

(7)小腿围在小腿最丰满处测量，小腿围应比大腿围小20cm。

(8)足颈围度在足颈的最细部位测量，足颈围应较小腿围小10cm。

(9)手腕围度在手腕的最细部位测量，手腕围应比足围小5cm。

(10)上臂围度在肩关节与肘关节之间的中部测量，上臂围约等于大腿围的一半。

(11)颈围在颈的中部最细处测量，颈围应与小腿围相等。

(12)肩宽(两肩峰之间的距离)应等于胸围的一半减去4cm。

(二)男性形体美标准的测量方法

(1)男性标准体重(kg)：[身高(cm) - 100] × 0.9。

(2)身体的中心点应在股骨大转子顶部。

(3)向两侧平伸两臂，两手中指尖的距离应等于身高。

(4)肩宽应等于身高的1/4。

(5)胸围应等于身高的1/2加5cm。

(6)腰围应较胸围小15cm。

(7)髋的围度应等于身高的1/2。

(8)大腿围度应较腰围小22.5cm。

(9)小腿围度较大腿围度小18cm。

(10)足部颈部的围度较小腿围度小12cm。

(11)手腕围较足颈围度小5cm。

(12)上臂围等于大腿围的1/2。

(13)颈围度应等于小腿围。

四、形体训练的自我检测

(一)形体训练的自我监控

形体训练的自我监控是全面检查与评定体质状况和锻炼效果的一种方法。形体训练主要从健康状况、身体形态、心理承受能力、身体素质、精神状态、食欲、睡眠、对自然环境的适应能力、克服疲劳的能力和运动损伤处理等方面进行自我监控。形体训练的自我监控包括两方面：一方面，应注意运动量过小，达不到影响训练效果；另一方面，应避免运动量过大而造成的身体不适。

(二)形体训练运动强度控制

形体训练主要以有氧运动为主，运动强度不宜过大。根据个人身体状况，在没有身体急慢性疾病的前提下，一般以中等运动强度为宜。训练前后可通过测试脉搏进行自我检测。形体训练运动强度控制具体如下：

(1)小强度：训练后脉搏频率为120次/分以下。

(2)中强度：训练后脉搏频率为120～150次/分。

(3)大强度:训练后脉搏频率为150~180次/min。

一般可测试10s脉搏,再乘以6,得出训练前后脉搏数,进行对照分析。如果经过一段时间训练或较长时间不能恢复到安静时的正常脉搏,停止训练后脉搏反而增加,说明运动负荷过大。

(三)形体训练呼吸检测

形体训练动作要与呼吸有节奏的协调配合。肢体伸展用力时鼻子深深地吸气,动作还原或肌肉放松时用口部慢慢地呼气。呼吸要充分、均匀、有力而有节奏,不能短促急躁。一般呼吸频率为12~18次/min。如果锻炼后10min未恢复正常,则说明运动负荷过大。如果呼吸方式错误,可能会造成对心脏的巨大压力,出现岔气,胸闷等现象。如果呼吸方式正确,不仅有利于肌肉的增长,还有利于肌肉一张一弛,节奏锻炼。

用锻炼时的心率确定运动负荷:

(1)没有训练基础的人:220次/min-年龄=最高极限心率。

(2)有训练基础的人:220次/min-年龄/2=最高极限心率。

单元任务

活动任务:对形体美内涵的描述,形体自评和互评。

活动要求:

(1)以小组为单位,分组进行。

(2)记录自评和互评的测评结果,为下面的训练提供初始数据。

姓名	身高	体重	目测
			上肢 下肢 手臂 腰部 臀部

单元 6.4　形体训练与健康饮食

1. 了解营养物质的营养特点与属性。
2. 了解各营养物质与运动的关系。
3. 掌握简单的运动食谱。

重点:饮食与运动的关系。
难点:制定运动食谱。

单元知识

一、健康饮食的基本概念

食物中的六大营养物质是碳水化合物(糖)、脂肪、蛋白质、水、无机盐和维生素。

(一)碳水化合物

中国人常说:“五谷为养”。五谷是最重要的一类营养物质,碳水化合物,也叫作糖类或醣类。

碳水化合物分为可消化碳水化合物和不可消化碳水化合物两部分。

1. 可消化碳水化合物

可消化碳水化合物是指给人体提供能量的那部分碳水化合物,主要包括淀粉和一些简单糖类。

这些可消化碳水化合物成分,无论是否有甜味,在身体中都能转化为葡萄糖。葡萄糖是人体最需要的碳水化合物,因为大脑几乎只能利用葡萄糖作为能量。简单糖类都是有甜味的物质,其中葡萄糖、果糖、半乳糖属于单糖;蔗糖、麦芽糖、乳糖等属于双糖。双糖又称为二糖,它由两个糖元素组成。

可消化碳水化合物在人体中的作用包括如下:

(1)用来补充血糖,给人体提供能量。

(2)用来合成糖原。

(3)足够的碳水化合物可以节约蛋白质。

(4)帮助脂肪彻底分解。

(5)用来合成脂肪。

2. 不可消化碳水化合物

碳水化合物除了可消化碳水化合物之外,其他大分子碳水化合物都不能在小肠中被人体吸收,它们被归类为膳食纤维。膳食纤维基本上也属于多糖,人体无法把膳食纤维变成单糖吸收。所以,大部分膳食纤维会穿肠而过,不产生能量。

食物中主要的膳食纤维包括纤维素、半纤维素、果胶、植物胶、木质素、角质等。这些膳食纤维在大肠中部分或全部被发酵,不仅可以帮助人体控制血胆固醇和血糖的水平,从而有利于预防心脏病和糖尿病等慢性疾病,还可以促进肠道蠕动和预防便秘。

(二)脂肪

提到脂肪,在很多人眼里,它是不受欢迎的成分,其实脂肪是一类重要的营养素,它之所以成为麻烦,完全是因为摄入过量。

1. 脂肪是什么

从营养学角度来说,脂类家族的成员主要有三酰甘油酯、磷脂和固醇。其中,数量最大的是三酰甘油酯,也称为甘油三酯。我们平常所摄入的各种油脂,其主要成分都是三酰甘油酯。

2. 脂肪与运动的关系

脂肪和蛋白质都是属于热能营养元素,可以转化成能量提供给身体使用,1g 蛋白质可以释放4 大卡热量,1g 脂肪可以完全释放 9 大卡热量。

人体在运动过程中,需要消耗能量,这些能量的来源就是碳水化合物(糖)、脂肪和蛋白质的转化。有氧运动可以将脂肪和蛋白质转化成能量提供给身体使用。实际上,人体中主要提供热量的是碳水化合物,其次是脂肪,最后才是蛋白质。

与人体身材有关系的是脂肪和蛋白质。脂肪是能量的储存形式之一,蛋白质则是人体组织的主要组成部分。现在人们都追逐着尽可能减少脂肪的摄入量,增加蛋白质的摄入量。

脂肪可以转化为糖,但不能转化为蛋白质。也就是说,如果一个人要减少脂肪,那么就需要将脂肪尽可能转化为糖类后,让糖类为运动供能。

(三)蛋白质和氨基酸

1. 蛋白质

蛋白质是构成细胞的基本物质,是生命细胞的组成成分。几乎所有天然食物中都含有蛋白质。其中,动物性食物是蛋白质的良好来源。各种肉类、鱼贝类、蛋类和奶类都含有丰富的蛋白质。蔬菜、水果、藻类、薯类的水分含量大,蛋白质含量相对较低。粮食类水分含量低,蛋白质含量相对高一些,尤其豆类和豆制品是蛋白质的好来源。

蛋白质在人体中的作用包括如下:

(1)蛋白质是人体的重要组成成分,如血液、肌肉、神经、皮肤、毛发等都是由蛋白质构成的。

(2)蛋白质能够参与组织的更新和修复。

(3)蛋白质是体内各种酶的合成原料。

(4)蛋白质可以用作能源,或用于合成葡萄糖。

2. 氨基酸

组成蛋白质的氨基酸有 20 种,其中只有 8 种是成年人不能合成或合成速度极慢无法满足身体需要的,这些氨基酸被称为必需氨基酸。必需氨基酸必须从食物中获得。

除了这 8 种必需氨基酸,其他氨基酸称为非必需氨基酸。虽然人体能够合成它们,但是合成材料中的氮元素也需要从食物蛋白质中获得。也就是说,人体对蛋白质的需要有两层意义:一是必需氨基酸一种都不能少,比例还要均衡;二是总的蛋白质摄入量应足够,保证非必需氨基酸和其他重要含氮物质的合成。

(四)维生素

维生素是一种微量营养素,它与蛋白质、脂肪和碳水化合物不同,每天所需要的含量不足1g,这么小的量不影响饥饱感,人体通常感觉不到维生素的摄入量够不够。

人体所需要的维生素一共有 13 种,它们不构成身体成分,也不含有能量,与能量平衡和体重变化无关,但它却是重要生理活动所需要的辅酶,对于人体新陈代谢功能的正常运转必不可少。大部分维生素在储藏、加工和烹饪过程中会有一定的流失。

按照维生素的溶解性不同分类,维生素可以分为水溶性维生素和脂溶性维生素两类。水溶性维生素具有亲水性,易溶于水,在有水的情况下可以被人体直接吸收。水溶性维生素共有 9

种,包括8种B族维生素和维生素C。脂溶性维生素存在于食物的油脂部分,需要有脂肪的帮助才能被人体吸收。脂溶性维生素共有4种,包括维生素A、维生素D、维生素E和维生素K。

维生素能够调节人体正常的生理活动,缺乏时会引起缺乏症。例如,当缺乏维生素A时,容易引起干眼症、夜盲症;当缺乏维生素B_1时,容易引发神经炎、脚气病;当缺乏维生素C,易患维生素C缺乏症;缺乏维生素D时,青少年易患佝偻病,成年人易患骨质疏松症。

(五)水

健康成年人体内含水率达60%左右,主要存在于肌肉组织和体液中。人体内的液体分为细胞内液和细胞外液。所有细胞和液体中的物质成分都处在一个微妙的平衡当中,以维持生命体的稳态。

水在人体内的生理功能包括如下:

(1)帮助营养素、各种代谢产物和废物在体内循环。

(2)作为溶剂,帮助水溶性营养成分的吸收和废物的排泄。

(3)作为反应物,参与多种生物化学反应。

(4)维持大分子的结构和功能,没有水,蛋白质不能形成有活性的构型。

(5)帮助维持体温。

(6)帮助机体内的润滑。

(7)帮助维持细胞内液和细胞外液的容量。

水是人体需要量最大的一种营养成分,也是维持生命最迫切需要的营养成分。除了水本身的生理作用之外,充足的饮水也非常重要。但是需要注意的是,人体内含水率过高或过低,都会给身体和健康带来问题。当一个人感觉渴的时候,说明人体已经失去2%的水分,如果不能及时补充水分,人体会发生脱水,更严重时会出现生命危险。如果饮水过量,会发生水中毒现象。

(六)矿物质(无机盐)

矿物质和维生素一样,是人体必需的元素。每天人体对矿物质的摄取量也是基本确定的,但随年龄、性别、身体状况、环境、工作状况等因素的变化而有所不同。矿物质在人体内的总量不及体重的5%,也不能提供能量,虽然矿物质在体内不能自行合成,必须由外界环境供给,但是矿物质在人体组织的生理作用中发挥重要的功能。矿物质是构成机体组织的重要原料,如钙、磷、镁等是构成骨骼、牙齿的主要原料。此外,矿物质也是维持机体酸碱平衡和正常渗透压的必要条件。

体内有些特殊的生理物质(如血液中的血红蛋白、甲状腺素等)需要铁、碘的参与才能够合成。在人体的新陈代谢过程中,每天都有一定数量的矿物质通过粪便、尿液、汗液、头发等途径排出体外,因此,人体必须通过饮食予以补充。但是,由于某些微量元素在体内的生理作用剂量与中毒剂量非常接近,过量摄入不仅无益反而有害。

二、科学地安排运动饮食

(一)合理安排运动饮食

在运动前后和运动过程中,科学、合理地安排饮食会使运动效果“事半功倍”。对于运动饮食,以下几个方面值得注意:

(1)运动前应食用少量食物。空腹和刚进食后就开始运动,对人体健康是非常不利的。在运动前半小时食用少量食物,不仅可以避免因为体力活动而导致的消化功能紊乱,还可以增强运动效果。如果是晨练,早餐一定要避免食用难以消化的食物,最好食用少量奶制品、谷类、水果、饮料等。

(2)准备开始一项运动,至少要摄入以下食品:每天一道富含淀粉的主菜(如通心粉、米饭、马铃薯等),每餐要有面包干、面包或者其他谷类食品;每天2~3个水果。在运动时间延长时才需要补充甜食和甜饮料。

(3)在运动饮食中,碳水化合物是首要的。随着运动的继续,人体内储存的葡萄糖不断消耗,直至全部用完。这时,如果运动强度不是很大的话,会消耗体中储存的脂肪。运动过程中糖的消耗(如谷物营养棒、水果、果酱等)可以避免肌肉出现酸累感,甚至低血糖的情况发生。

(4)在运动过程中应及时补充水分。如果运动时间少于1h,每15min应喝水150~300mL;如果运动时间在1~3h,每小时必须增加500~1000mL水,如果外面的温度超过25℃则每小时喝水为1000mL。在开始锻炼之前15min要喝250mL弱矿物化水;运动过程中至少每15min补充125mL弱矿物化水,如果运动剧烈,则需要补充掺水的果汁(1/3的果汁、2/3的水)。在运动结束后马上补充含碳的汽水、果汁或蔬菜汁、牛奶(根据运动时间长短补充250~500mL)以便于排除体内毒素。肌肉运动会增加对矿物盐的需求,汗液的挥发也会带走身体中的一部分矿物盐,因此,白天可以饮用富含钙元素和镁元素的矿泉水,以补充身体对矿物盐的需求。此外,运动时一定不要喝冰水,因为剧烈运动时喝冰水会引起消化系统方面的问题。

(5)运动后不宜吃鱼肉等酸性食物。运动后,人体内的糖、脂肪、蛋白质被大量分解,产生乳酸、磷酸等酸性物质,这些酸性物质会刺激人体组织器官,使人感到肌肉、关节酸胀和精神疲乏。鱼肉等食品属于酸性食物,运动后食用这些酸性食物,会使体液更加酸性化,不利于肌肉、关节酸胀感和身体疲劳感的解除。此时,体内缺乏的不是蛋白质,而是糖类能量物质。运动后应摄入一些含糖的食物和含糖饮料,这样有利于人体快速地吸收和利用,或者以摄入一些含淀粉的食物,如馒头、米饭、米粥等,这些食物经过新陈代谢可转化成为肌体所需的葡萄糖,以保持人体内酸碱平衡,从而达到消除运动疲劳、保持健康的目的。

(二)减脂饮食的基本原则

减脂饮食应该遵循以下基本原则:

(1)少食多餐。

(2)必须吃早餐。

(3)多吃绿色蔬菜。

(4)多吃蛋白质。

(5)可适量摄入碳水化合物。

(6)少盐、少油、少糖。

单元任务

活动内容：

（1）选择几种不同的食物，分别说出它们所含的营养以及它们与人体的关系。

（2）分析一天膳食内容，制定一周个人运动饮食食谱，检查营养搭配的合理性。

活动要求：

（1）分组讨论，食物可用图片代替。

（2）要求真实记录，反映日常饮食习惯。

时间		周一	周二	周三	周四	周五	周六	周日
训练内容								
运动饮食安排	早							
	中							
	晚							

模块拓展

有氧活力走

有氧活力走是一种将运动者心率控制在最大心率（55%～65%）的有氧运动。通过定量、定时、定强度的方式，帮助运动者提高心脏肌肉强度和血管柔韧性，让运动者内循环系统得到稳健发展，降低心血管疾病风险。

训练时长：30min。

适用人群：长时间久坐人群、运动能力较差人群、希望通过锻炼保持良好健康状态人群。

训练建议：在身体舒适的状态下进行训练。

训练前准备：着装适宜，夏季行走着装应以透气、排汗快、宽松为宜，冬季行走着装以保暖、不影响运动为宜；在室外进行行走前，建议对踝关节、小腿、大腿、髋关节进行充分的热身激活。

训练过程中：微微气喘，下肢略微绷紧，属于正常现象。

训练后：可能会出现小腿前侧肌肉紧绷，甚至酸痛的现象，这是因为初期训练，还不能在快走中很好地找到节奏感，导致小腿前侧肌肉长时间紧张所致，做好训练后放松并对该肌肉进行按摩放松，2d左右即可恢复。

1. 课堂收获

结合本模块内容,我学到了什么?

2. 反思感悟

结合本模块学习,反思我的问题是什么?我应该怎么做?

模块7
基础训练

刘同学运动时经常抽筋，李老师告诉他可能在运动前没有做好准备工作。怎样通过科学训练避免运动伤害呢，让我们看一看下边的内容。

不断提升健与美的欣赏能力，通过有针对性的实践训练，打好形体训练基础。强化认真的学习态度，自信主动地展示形体美与动作美，在和同伴的合作与交流中增进交往能力和团队协作能力。

单元 7.1　形体热身训练

1. 了解热身活动的训练内容。
2. 掌握热身活动的基本方法。

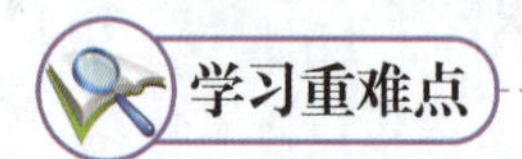

重点:形体热身训练的动作内容。

难点:形体热身训练的动作要领。

一、热身训练要求

身体只有热起来,才能足够柔软,不容易受伤。如果运动前没有热身或热身不足,在训练过程中就容易受伤。热身训练不是立刻做强烈运动。热身训练也有一些技巧,如可以拉开肩、颈、后背动作,最好采用慢跑、柔韧性训练、踏步操等方式训练,充分拉伸,量力而行,这样不仅有利于增加体能,还能尽快放松身体。通过热身训练,可以拉伸身体肌肉,活动骨骼,避免肌肉损伤,达到事半功倍的形体训练效果。

二、热身训练动作

(一)热身活动——头颈部训练

热身活动——头颈部训练见表 7-1。

热身活动——头颈部训练　　表 7-1

准备姿势	训练动作	图示	资源
两脚开立,略比肩宽,两手自然垂放于身体两侧	第 1 个 8 拍: 1～4 拍:头部向前,下巴找锁骨还原。两肩下沉,固定不动,颈部尽可能拉长。 5～8 拍:头部向后、向上找天花板还原。 第 2 个 8 拍: 1～4 拍:头部向右找肩还原。 5～8 拍:头部向左找肩还原。 相同动作重复 2 个 8 拍	图1 图2 图3 图4	颈部训练

(二)热身活动——肩部训练

热身活动——肩部训练见表7-2。

热身活动——肩部训练　　表7-2

准备姿势	训练动作	图示	资源
两脚开立，略比肩宽，两手自然垂放于身体两侧，上身挺直、收腹、立腰	第1个8拍： 1~4拍：两肩向上提拉，下沉。 5~8拍：同1~4拍动作。 第2个8拍：同1~4拍动作。 第3个8拍： 1~4拍：两肩向前大绕环。 5~8拍：同1~4拍动作。 第4个8拍： 1~4拍：两肩向后大绕环。 5~8拍：两肩向后大绕环	 图1  图2  图3  图4	肩部训练

(三)热身活动——脊柱训练

热身活动——脊柱训练见表7-3。

热身活动——脊柱训练　　表7-3

准备姿势	训练动作	图示	资源
两脚开立，略比肩宽，两手自然垂放于身体两侧	第1个8拍：从头部开始向下放松脊柱至两手扶地。向下时，背部脊柱一节一节放松。 第2个8拍：从尾椎开始向上起身至还原直立，向上时，先起脊柱最后起头部，调整呼吸。 第3个8拍：两手后支撑，头部带领向后展肩至最大幅度。向后时，根据自身身体条件向后、向下，不要憋气。 第4个8拍：从胸椎开始向上挑腰还原	 图1  图2  图3  图4	脊柱训练

(四)热身活动——腰部训练

热身活动——腰部训练见表7-4。

热身活动——腰部训练 表7-4

准备姿势	训练动作	图示	资源
两脚开立，略比肩宽，两手自然垂放于身体两侧，上身挺直、收腹、立腰	第1个8拍： 1~2拍：两手从两侧抬起至头顶。 3~4拍：两手在头顶交叉上推。 5~8拍：两手交叉前推，上体与腿部成90°角。注意上身直立，不能含胸。腿部后侧有拉伸感。 第2个8拍： 1~4拍：两手上推起身，两手推至头顶。	 图1  图2	腰部训练
两脚开立，略比肩宽，两手自然垂放于身体两侧。上身挺直、收腹、立腰	5~8拍：两手三位手位打开还原。 第3个8拍：同第1个8拍动作。 第4个8拍： 1~4拍：两手上推起身，两手至头顶。 5~8拍：两手三手位打开还原，同时收腿至双腿并拢	 图3  图4	

（五）热身活动——膝关节训练

热身活动——膝关节训练见表7-5。

热身活动——膝关节训练 表7-5

准备姿势	训练动作	图示	资源
两手叉腰，两腿并拢	1~2拍：小蹲起。蹲起动作不宜过大，上身保持挺直。 3~4拍：同1~2拍动作。 5~6拍：同1~2拍动作。 7~8拍：同1~2拍动作。 相同动作重复4个8拍	 图1  图2  图3  图4	膝关节训练

（六）热身活动——腿部训练

热身活动——腿部训练见表7-6。

热身活动——腿部训练 表7-6

准备姿势	训练动作	图示	资源
弓步两脚尖冲前，两手叉腰	后侧脚脚跟向下压拉伸，正反各做一次	图1 图2 图3	腿部训练

（七）热身活动——脚踝训练

热身活动——脚踝训练见表7-7。

热身活动——脚踝训练 表7-7

准备姿势	训练动作	图示	资源
两手叉腰，两腿并拢	第1个8拍： 1～2拍：单脚推脚跟离地至前脚掌着地。推脚掌动作要使脚跟、脚心全部离地。 3～4拍：放脚跟还原。 5～6拍：同侧单脚推脚跟离地至前脚掌着地。 7～8拍：放脚跟还原。 第2个8拍：动作同第1个8拍。 换反面相同动作做2个8拍	图1 图2 图3 图4	脚踝训练

单元任务

活动任务：根据所给训练动作，配合音乐完成整体热身组合。

活动要求：

（1）以组为单位，全员训练展示。

（2）动作标准，做到自己身体的极限位置。

（3）配合音乐节奏。

单元 7.2　形体柔韧性训练

学习目标

1. 掌握形体柔韧性训练的要求。
2. 掌握形体柔韧性训练的要领。

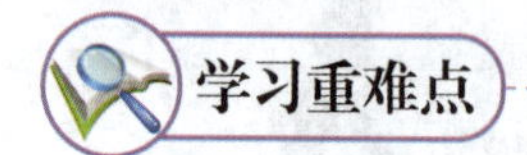

学习重难点

重点:形体柔韧性训练的内容。
难点:形体柔韧性训练的要领。

单元知识

一、形体柔韧性训练的要求

(1)训练前做好拉伸,一定要做好热身运动,避免运动时肌肉拉伤。

(2)进行形体柔韧性训练时,需要注意外界环境,如室内外温度。另外,形体柔韧性训练是一个长期坚持的过程,如果锻炼者中间停止训练,其形体柔韧性就会消退。

(3)训练适度。形体柔韧性训练达到能做出基本动作的要求就可以了,不要过度地发展柔韧性,以免造成关节或韧带变形。

二、形体柔韧性训练的内容

(一)肩背部柔韧性训练

1. 柔韧性训练——前压肩(表 7-8)

柔韧性训练——前压肩　　表 7-8

准备姿势	训练动作	图示
两脚开立,略比肩宽,两手自然垂放于身体两侧	第 1 个 8 拍: 1 ~2 拍:上身前倾,两手搭杆。 3 ~8 拍:向下压肩,逐渐加力至最大限度保持不动,感到肩部韧带被拉长。 第 2 个 8 拍:同第 1 个 8 拍动作。 第 3 个 8 拍: 1 ~2 拍:放松肩部,上身略上抬,与腿部成 90°角。 3 ~8 拍:向下压肩,逐渐加力至最大限度保持不动,感到肩部韧带被拉长。 第 4 个 8 拍: 1 ~4 拍:重复第 3 个 8 拍动作。 5 ~8 拍:起身,收腿,两脚并拢,两手自然垂放于身体两侧	图1　图2

2. 柔韧性训练——背部反压肩(表 7-9)

柔韧性训练——背部反压肩 表 7-9

准备姿势	训练动作	图示
背向把杆,两脚开立,略比肩宽,两手自然垂放于身体两侧	第 1 个 8 拍: 1 ~2 拍:两手向后搭杆,上身保持直立。 3 ~8 拍:两腿屈膝,下蹲,抬脚跟,身体自然前倾,向下压肩,感到肩部韧带被拉长。 第 2 个 8 拍:保持压肩不动。 第 3 个 8 拍:保持压肩不动。 第 4 个 8 拍: 1 ~4 拍:保持压肩不动。 5 ~8 拍:起身站立,两腿收拢,两手自然垂放于身体两侧	图1 图2

(二)腿部柔韧性

1. 柔韧性训练——压前腿(表 7-10)

柔韧性训练——压前腿 表 7-10

准备姿势	训练动作	图示
面向把杆,两脚并拢直立,两手自然垂放于身体两侧	第 1 个 8 拍: 1 ~4 拍:抬右腿前搭杆,与左腿成 90°角,膝关节绷直,脚背外开绷直。右手臂经体侧上举至三位手位。 5 ~8 拍:两手搭膝,身体前倾向前压腿,右手臂前伸手指碰脚尖。腹部找腿,下巴找脚尖,上身延伸,感到腿部韧带被拉长。 第 2 个 8 拍:身体前倾到极限位置,保持不动。 第 3 个 8 拍: 1 ~4 拍:抬身下压,腿部与手臂保持不动。 5 ~8 拍:身体前倾,两手搭膝,肚皮找大腿,下巴找脚尖,上身延伸。 第 4 个 8 拍: 1 ~4 拍:动作同第 3 个 8 拍。 5 ~8 拍:起身,下腿,两脚并立,两手自然垂放于身体两侧。 第 5 ~8 个 8 拍: 换反面相同动作重复做第 1 ~4 个 8 拍	图1 图2

2. 柔韧性训练——压旁腿(表 7-11)

柔韧性训练——压旁腿 表 7-11

准备姿势	训练动作	图示
面向把杆,身体靠近把杆,两脚并拢直立,两手自然垂放于身体两侧	第 1 个 8 拍: 1 ~4 拍:两手扶把,侧吸右腿,右腿搭把杆,膝关节绷直,脚背外开绷直。左手臂经体侧上举至三位手位。 5 ~8 拍:举左臂身体往右倾斜,手臂延伸找脚尖,上身向上翻转,感到右侧腿韧带被拉长。 第 2 个 8 拍:逐渐加力到最大限度,保持不动。 第 3 个 8 拍:动作同第 2 个 8 拍。 第 4 个 8 拍: 1 ~4 拍:重复第 2 个 8 拍动作。 5 ~8 拍:起身,下腿,两脚并立,两手自然垂放于身体两侧。 换反面相同动作重复 4 个 8 拍	图1 图2

3. 柔韧性训练——压后腿(表 7-12)

柔韧性训练——压后腿 表 7-12

准备姿势	训练动作	图示
身体靠近并左侧侧对把杆,两脚并拢直立,左手扶杆,右手轻叉腰	第 1 个 8 拍: 1 ~4 拍:向后抬右腿,右腿搭杆,与左腿成 90°,两膝保持伸直。右手臂经体侧上举至三位手位。 5 ~8 拍:身体后仰,上挑胸腰,右手臂后举延伸找右脚,两肩同时后展,逐渐用力到最大限度。 第 2 个 8 拍: 1 ~4 拍:重复 5 ~8 拍动作。 5 ~8 拍:身体回直,眼睛看正前方。 第 3 ~4 个 8 拍:动作同第 1 ~2 个 8 拍。 第 5 ~8 个 8 拍:换反面相同动作重复第 1 ~4 个 8 拍	图1 图2

单元任务

活动任务:根据所给训练动作,配合音乐完成整套柔韧性训练组合。

活动要求:

(1)以组为单位,全员训练展示。

(2)动作标准,做到自己身体的极限位置。

(3)配合音乐节奏。每组同学配合音乐将柔韧性训练动作进行展示,达到训练效果。

单元7.3　形体放松训练

学习目标

1. 掌握形体放松训练的要求。
2. 掌握形体放松的训练的要领。

学习重难点

重点:形体放松训练的内容。
难点:形体放松训练的要领。

单元知识

1. 肩、肘、手放松动作(表7-13)

肩、肘、手放松动作　　表7-13

准备姿势	训练动作	图示
两手点肩,两腿打开,与肩同宽	肩部前绕环4圈。 肩部后绕环4圈。 两手向上三位手位,两手上推,震肩1个8拍。 右手在上,左手在下,两手背部相贴(正反)	图1　图2 图3　图4

2. 腰、背部放松(表7-14)

腰、背部放松　　表7-14

准备姿势	训练动作	图示
两手垂放,两脚二位脚位	身体向前,两手交叉前推。 两手背部交叉上抬,向前下腰。 右手前左手三位手位,右侧倒腰。 左手前右手三位手位,左侧倒腰	图1　图2

3. 髋关节放松动作(表 7-15)

髋关节放松动作 表 7-15

准备姿势	训练动作	图示
两手叉腰,二位站位	髋关节左右移动 2 个 8 拍。 两腿并拢。 腿部放松,前后摆腿,反面动作相同。 两手叉腰,左右摆腿,反面动作相同	图1 图2

4. 腿部、跟腱放松动作(表 7-16)

腿部、跟腱放松动作 表 7-16

准备姿势	训练动作	图示
两腿成弓步,两手叉腰	脚尖冲前,脚跟向下压,保持不动。 反面动作相同。 两手叉腰,立半脚尖。 两手后抓小腿,放松大腿	图1 图2

单元任务

活动任务:根据单元动作编排一套放松操。

活动要求:

(1)根据训练内容,编排与之相适应的放松操。

(2)以组为单位,全员训练展示。

(3)配合音乐节奏。每组同学配合音乐将放松操动作进行展示,达到训练效果。

模块拓展

轻器械有氧形体训练

轻器械有氧形体训练是指使用手持绳、圈、球、火棒、带等轻器械所做的多次数、长时间有氧运动。有了轻器械的运用,形体训练活动便有了更为丰富的声音和色彩,情境的贯穿与动作的变化也更为生动有趣。在中国,还可以使用纱巾、棍棒、实心球、哑铃、彩旗、彩球、花环和扇子等进行锻炼。轻器械体操用具简单,一般不受场地限制,不同年龄、性别和不同运动水平的人都可以学习操练。各种轻器械体操,对身体的锻炼作用不同。

轻器械有氧训练的原则:

(1)轻器械的重量在 100~500RM(所选器械的负荷重量可做 100~500 个动作,称为轻器械)。

(2)满足有氧运动条件的原则。

①运动强度在中等或中上程度,心率控制在170次/min减年龄以下。

②连续运动时间不少于15min。

③连续运动时间最好是30~60min。

轻器械有氧训练能够有效促进身体的全面发展,增强内脏器官功能和肌肉力量,发展动作协调能力。

1. 课堂收获

结合本模块内容,我学到了什么?

2. 反思感悟

结合本模块学习,反思我的问题是什么?我应该怎么做?

模块8
瑜伽训练

玲玲喜欢慢节奏的训练项目，但又不知道选哪个项目。李老师向玲玲推荐了瑜伽训练。你知道瑜伽训练对人的身心有什么益处吗？下面让我们一起了解一下瑜伽训练。

在瑜伽教学过程中，通过与冥想、呼吸和体位的结合，身体和心灵都得到锻炼，结合瑜伽课堂教学的特殊要求，放松心情、互相尊重、心怀感恩，感知身心合一精神状态，培养以积极、乐观、平和的心态去面对生活，提升内心素质，增强对生活的热爱。

单元 8.1 瑜伽训练的意义及原则

1. 了解瑜伽的概念。
2. 了解瑜伽健身的特点。
3. 掌握瑜伽的冥想、基础训练动作和放松。

重点:瑜伽训练特点及功效。

难点:瑜伽训练过程及动作规范。

一、瑜伽的概念

瑜伽有着悠久的历史。近年来,瑜伽迅速成为一种热门的锻炼方法。瑜伽旨在将人的身体、感情、头脑及精神合为一体,并使人的技能各个方面统一起来。瑜伽的三个训练要素(身体姿势、呼吸方法和意会集中)在训练中得到贯穿,瑜伽课通过各个体式的锻炼能够充分锻炼人体的柔韧性,增强肌肉力量,改善平衡能力。基于瑜伽的五个提点(恰当的呼吸法、适当的松弛、严格的饮食习惯、正确的练习、思考与冥想),培养自然的身体美,并获得高水平的健康状况,开发一个人自身独特的潜力,以获得自我实现。

二、瑜伽训练的原则

瑜伽训练本质上是一种生活方式,是一种涉及身体、情感和精神层面的运动方式。瑜伽训练的主要目的是将思想、身体和灵魂融为一体,以改善人们的生活质量。瑜伽训练的原则如下:

(1)放松。通过消除肌肉紧张并让整个身体休息,神经系统将会恢复活力。

(2)正确运动。通过对整个身体有效的体式或瑜伽姿势来进行适当的锻炼,有助于调理和增强韧带与肌肉,并增强关节和脊柱的柔韧性。

(3)正确呼吸。正确呼吸是指有节奏地、充分地呼吸,以便利用呼吸到达的所有部位来增加氧气的摄入量。

(4)合理饮食。健康的饮食可以滋养身心。在瑜伽训练过程中,应保持适当的饮食平衡,并以天然食物为基础。此外,合理的饮食还应包括适量饮食。

(5)积极思考和冥想。一个人的思想影响着他的生活方式。保持积极的生活态度有助于养成心态平和。

三、瑜伽训练注意事项

(1)时间。瑜伽训练最好在饭后 2h 左右进行,清晨和傍晚是不错的选择。

(2)地点。瑜伽训练场地应尽可能安静、干净、舒适、通风。

(3)设备。瑜伽训练时,应该选择天然材质薄厚适中的瑜伽垫,身着宽松的瑜伽练习服,除去手表、腰带和配饰,最好光脚。

(4)饮食。避免油腻、辛辣食物,练习结束后 30 ~ 40min 后再进食。

(5)注意。动作适可而止,不要勉强。

活动任务:设计一份一周瑜伽饮食。

活动要求:符合瑜伽饮食要求、尽量写具体,标注就餐时间及就餐量。

单元8.2　瑜伽呼吸

1. 了解瑜伽呼吸的重要性。
2. 掌握瑜伽呼吸的方式与方法。

重点:瑜伽呼吸的方式。

难点:瑜伽呼吸的练习方法。

单元知识

一、瑜伽呼吸的目的与作用

(1)瑜伽呼吸法有按摩内脏器官的作用,尤其是腹式呼吸法能够唤醒构成身体的每一个细胞,并将氧气中的能量传递给细胞,使细胞保持活力,所以瑜伽有延缓衰老的功效。瑜伽呼吸法还可以促进血液循环,促使体内疲劳物质尽快分解,加快体内积存废物的排出,从内到外地净化体内系统。

(2)瑜伽呼吸法可以控制情绪,通过控制“呼”和“吸”的运动来控制自律神经。吸气时,使身体兴奋的交感神经在发生作用;呼气时,使身体休眠的副交感神经在发生作用。所以,我们可以通过改变呼和吸的节奏来调节交感神经和副交感神经的平衡。

二、瑜伽呼吸的分类及介绍

(一)腹式呼吸法

腹式呼吸法是瑜伽最基础和最重要的呼吸方式。仰卧或坐立,把手放在腹部上;吸气时,两鼻孔慢慢吸气,放松腹部,感觉空气被吸向腹部,手能感觉到腹部向外推出,横膈膜下降,将空气压入肺部底层;呼气时,慢慢收缩腹部肌肉,横膈膜上升,将空气排出肺部。

腹式呼吸法

(二)胸式呼吸法

胸式呼吸法起伏的部位主要在胸部。情绪不稳定时做几个胸式呼吸,可以使心态平衡。盘腿坐,脊背直立,手轻轻放在胸部上方;吸气时,两鼻孔慢慢吸气,将空气直接吸入胸部区域,感觉胸部区域扩张,但腹部应保持平坦;呼气时,肋骨向下并向内收,缓排出空气。

(三)完全呼吸法

完全呼吸法是集合胸式呼吸法和腹式呼吸法于一体,由于增加氧气供应,这种呼吸方式能使肺活量增大,血液得到净化,对强健肺部、增加身体活力和耐力等方面有很好的作用。盘腿坐正,一只手放在腹部,另一只手放在肋骨处,缓缓地吸气,感觉腹部慢慢鼓起,先让空气充满肺的下半部,再让空气充满肺的上半部,当空气充满了肺部的每一个角落,吸气达到肺的最大容量时,再缓缓地呼气,先放松胸上部,再放松胸下部和腹部,最后收缩腹肌,把气完全呼出。呼吸轻柔,一气呵成。

单元任务

活动任务:根据瑜伽训练的特点和功效,分小组讲解和展示一套瑜伽体位动作。

活动要求:

(1)以组为单位进行讲解和展示,讲解员说出功效。

(2)动作设计合理,引导语言轻柔,达到训练功效。

单元 8.3　瑜伽冥想与放松

1. 了解瑜伽冥想与放松。
2. 掌握瑜伽冥想与放松的方法。

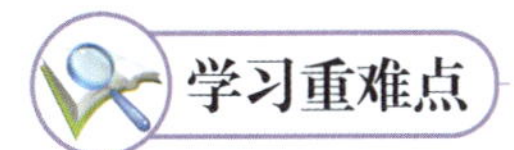

重点：瑜伽冥想和放松的步骤。
难点：瑜伽冥想与放松的引导方法。

单元知识

一、瑜伽的冥想

冥想是一种宁静的状态，即在对生命系统能量释放、重组、修复、优化的综合过程中，经过冥想透彻洗礼的生命将更加平和与宁静，这对整个机体有着意义深远的作用。

（一）进入瑜伽冥想前的准备

进入瑜伽冥想前，应先选择一个舒服、放松的姿势来练习。如果可以的话，选择莲花坐的姿势；但如果不能做这样的姿势，也可以选择简易坐来练习。正确、稳定的坐姿是瑜伽冥想成功的关键，因为不稳定的姿势会使思想、意识也变得不稳定。尽量不在瑜伽冥想前进食，因为这会影响你集中精神。

（二）瑜伽冥想的注意事项

选择一个固定的时间——清晨或傍晚比较理想。利用相同的时间和地点，让精神更快地放松和平静下来。面向北或东而坐，背部、颈部和头部保持在同一条直线上。在冥想的过程中，应注意身体保暖（天凉时可以给身体围上毯子），引导意识保持平静，有规律地呼吸，先做5min的深呼吸，然后让呼吸平稳下来。

建立一个有节奏的呼吸结构——吸气3s，然后呼气3s。当人的意识开始游离不定，不要太在意，安静下来以后，让意识停留在个固定的目标上面，可以在眉心或者心脏的位置。

二、瑜伽的放松

瑜伽休息术是古老瑜伽中的一种颇具效果的放松艺术。在整个练习过程中，需要完全集中意识且放松身体而让其休息。但这种休息与一般意义上的睡眠有着根本的不同。因为在正确的练习中，练习者可能用意识去控制它，并且从意识中醒来。

仰卧放松功是进行瑜伽休息术的最好体位。这是能使精神和身体完全放松的最有效姿势。在此姿势上进行的瑜伽休息术可以将积极的精神与意识辐射到全身。

仰卧放松

单元任务

活动任务：根据瑜伽的冥想和放松内容，每天睡前做10min冥想，练习瑜伽体位后再做瑜伽放松。

活动要求：

（1）配合瑜伽呼吸。

（2）放松身心，集中注意力。

（3）感知自己。

单元8.4 瑜伽体式训练

1. 掌握瑜伽基本体式。
2. 掌握瑜伽基本体式动作。

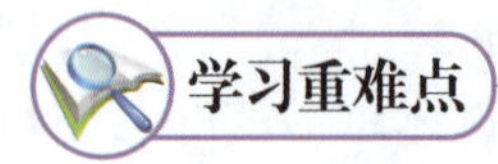

重点:瑜伽全身训练基本体式。
难点:瑜伽体式动作编排与训练。

单元知识

一、瑜伽热身

1. 冥想动作(表8-1)

冥想动作 表8-1

准备姿势	训练动作	图示	资源
以舒服的姿势盘坐在瑜伽垫上,弯右小腿,将右腿放在左大腿根处,肩背正直,下颌内收	将手放在腹部,吸气时,两鼻孔慢慢地吸气,像闻鲜花,手能感觉到腹部越抬越高;吐气时,慢慢收缩腹部肌肉,将空气排出肺部。吐气的时间是吸气的2倍。 以此姿势配合腹式呼吸法,注意力集中在腹部,听冥想词,练习时间10~15min	图1 图2	冥想动作

2. 热身动作(表8-2)

热身动作 表8-2

准备姿势	训练动作	图示	资源
站立,两腿并拢	瑜伽热身: 吸气,两手从两侧合十至头顶,尽量向后拉伸脊柱; 呼气,身体向前、向下两手抓住脚尖; 吸气,沉腰、抬头,刺激背部血液循环,保持自然的呼吸10s; 呼气,腹部贴近大腿,头靠近小腿的方向,保持自然呼吸10s; 吸气,再一次沉腰,抬头,伸展背部; 呼气,腹部再次贴近大腿,头靠近小腿的方向,保持自然呼吸10s。	图1 图2	瑜伽热身训练动作1 瑜伽热身训练动作2

续上表

准备姿势	训练动作	图示	资源
站立，两腿并拢	吸气，抬头，伸展背部；两手合十，轻轻吸气，还原直立； 呼气，身体向后弯曲，腰腹向前推，拉伸腹部肌肉； 吸气，身体还原； 呼气，手掌回落于胸前，调整呼吸； 两手回落	 图3 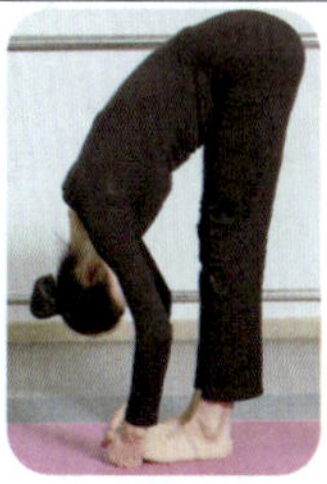 图4  图5  图6	瑜伽热身训练动作3

二、瑜伽体式

1. 瑜伽体式训练（表8-3）

瑜伽体式训练　　表8-3

准备姿势	训练动作	图示
站立，两腿并拢	风吹树式： 吸气，两手从两侧举过头顶合十，向上拉伸； 呼气，以腰为支点向右侧侧倒，拉伸脊柱，做到极限，刺激右肾腺； 吸气，以腰部的力量带动身体直立； 呼气，向左侧侧倒，拉伸腰腹部肌肉； 吸气，以腰部的力量带动身体直立； 呼气，两手向两侧打开，还原，调整呼吸均匀	 图1  图2  图3 功效：增强腰、髋部和肩膀的灵活性，使脊柱得到侧向的伸展，促进消化和排泄，帮助消除身体侧面的多余脂肪
两腿打开，略比肩宽	三角伸展式： 吸气，两臂平举，与肩齐平，手掌朝下，右脚向右旋转90°，左脚稍转向右侧，膝部保持绷直；	 图1  图2

续上表

准备姿势	训练动作	图示
两腿打开，略比肩宽	呼气，上身向右侧侧倒，右手掌接近右脚踝，向上伸展左臂，与右肩成一条直线，腿后部、后背以及臀部成一条直线，眼睛看左手，膝部保持伸直，保持这个姿势30～60min，均匀深长地呼吸； 吸气，抬起右手手掌，起上身； 呼气，两手回落，脚尖收回，两手相交置于体前，调整呼吸； 反面动作相同	 图3  图4 功效：去除腿部和臀部僵硬，消除背部肌肉，美化腰腹部，锻炼手臂、大腿肌肉
两腿并拢，两手从两侧至头顶合十	战士一式组合： 吸气，手臂向头顶上方伸展； 呼气，身体转向右侧，屈右膝到大腿平行于地面，仰头，看向手指尖方向； 吸气，伸直右膝，身体直立； 呼气，身体向前、向下，两手掌置于左脚掌前方地面，腹部贴近大腿，头靠近小腿，完全放松大腿，背部； 吸气，抬头，两手合十，手臂带动身体直立，还原前方； 呼气，两手回落； 脚掌回落一个肩宽，调整呼吸； 另一侧动作相同	 图1  图2  图3  图4 功效：减少腹部、腰两侧多余脂肪，扩张胸部，伸展颈部，延缓衰老，增强人的平衡感及集中注意力的能力，消除下背部及肩部的肌肉紧张，对缓解颈部僵硬有一定的效果
坐在地面上，两脚掌相对，两手十指相扣，抱住前脚掌	束角式： 吸气，下颚带动身体向后拉伸； 呼气，下颚带动身体向前、向下，直至额头接触地面，放松背部； 吸气，抬头，头部力量带动身体至上身直立，调整呼吸，重复动作； 伸直两腿，抖动腿部，转动脚踝，放松	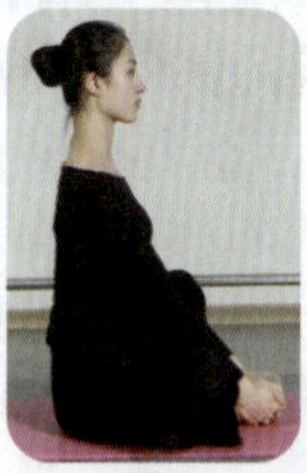 图1 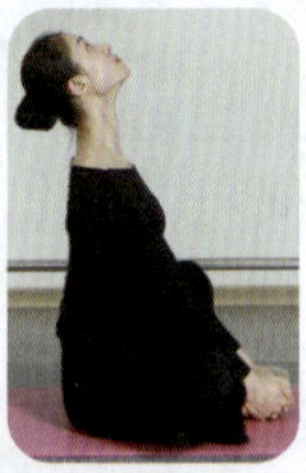 图2  图3 功效：有助于增进腹部、骨盆及背部的血液循环，刺激神经系统，改善月经期不规律，对缓解坐骨神经疼痛以及静脉曲张有一定效果

续上表

准备姿势	训练动作	图示
跪地，臀部坐于两脚上	坐山式组合： 吸气，两手举至头顶上方合十，两手十指交叉，手心朝上，手臂伸直，下颚带动颈部向后拉伸，胸廓向上推； 呼气，头部还原，两手打开置于腿部后方，两手交叉手臂伸直，慢慢两手合十，指尖向内侧翻转，指尖朝上，将两手轻轻上移至肩胛骨，肩部打开； 吸气，头部向后； 呼气，身体向前、向下，放松背部，额头轻轻点地； 吸气，身体还原，手臂放松，调整呼吸	  图1 图2   图3 图4  图5 功效：刺激肩胛骨，改善肩周炎的疼痛，增加两肩灵活性，缓解肩部、肘部疼痛感和僵硬感
跪坐，两手支撑地面，身体成爬行姿势	猫弓式： 吸气，调整呼吸； 呼气，手臂带动身体向前、向下，直至身体贴近地面，臀部向上耸起； 吸气，两小腿抬起，脚跟朝臀部方向靠拢，保持自然呼吸； 呼气，小腿回落，手掌带动身体向前轻轻移动，身体俯卧，下颚置于地面或手背上，均匀呼吸	 图1  图2  图3  图4 功效：锻炼脊柱神经，为头部、面部提供血流量

续上表

准备姿势	训练动作	图示
俯卧，两手放在身体两旁，手心朝下	弓式： 屈膝，两手抓住脚踝； 吸气，上半身自然抬起，同时两手带动两腿向后、向上伸展，臀部大腿收紧，扩张肩部、胸部； 呼气，身体轻慢还原，腿部松开伸直，脸向一侧调整呼吸	 图1  图2 功效：促进消化功能，锻炼脊柱神经
仰卧，两腿并拢，掌心向下，平放于地面	梨式： 吸气，两腿抬起； 呼气，两腿朝身体上方伸展，脚尖伸展至头顶上方，与地面接触； 两手掌撑住腰部，屈膝，脚跟朝臀部方向靠拢，双膝接触额头； 呼气，掌心向下，有控制地还原	 图1  图2  图3 功效：刺激甲状腺，防止胃下垂，调整内分泌，增强脊柱力量

续上表

准备姿势	训练动作	图示
仰卧，两手自然打开，掌心朝上	瑜伽体式-放松组合： 吸气，屈膝，抬起小腿； 呼气，两腿向左侧接触地面，头部向右侧两腿向右侧转动，尽量带动腰部； 腿部放松左侧，右侧转动，转动时将腰、背部往下沉； 两腿慢慢伸直，掌心朝上置于体侧，感受呼吸的平静	 图1  图2 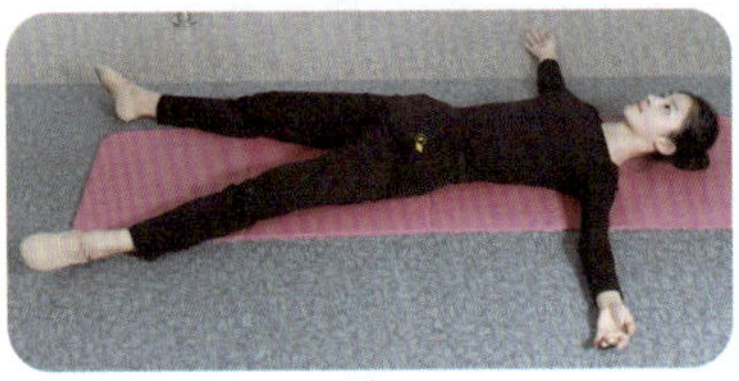 图3

2. 瑜伽放松训练（表 8-4）

瑜伽放松训练

表 8-4

准备姿势	训练动作	图示	资源
仰卧，掌心朝上，腿部身体放松	仰卧，闭眼但保持意识清醒，专注呼吸，听放松引导词； 两手掌举过头顶上方，伸个大懒腰； 抬起两腿两脚向上抖动； 搓热手掌心，放在眼睛上，顺时针或逆时针方向轻轻地按摩两眼，梳理额头、发髻； 屈膝，两手十指相交抱于膝盖内侧，带动身体向前、向后晃动； 身体坐立，还原前方，盘坐，两手置于膝盖上方； 轻轻吸气，慢慢呼气	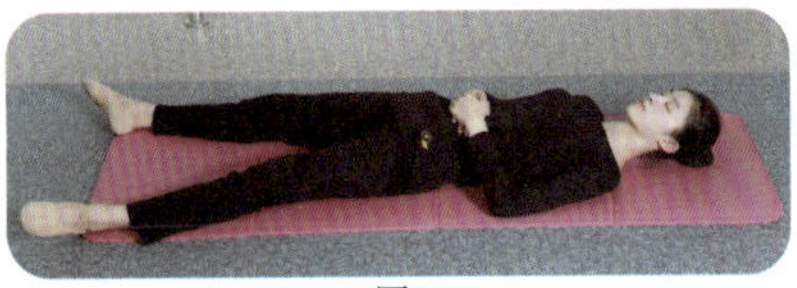 图1  图2  图3	瑜伽放松训练

单元任务

活动任务:根据瑜伽训练的特点和功效,分组讲解和展示一套瑜伽体位动作。

活动要求:

(1)以组为单位进行讲解和展示,讲解员说出功效。

(2)动作设计合理,引导语言轻柔,达到训练功效。

(3)每组同学配合瑜伽音乐完成瑜伽冥想、热身、体位和放松动作,达到训练效果。

模块拓展

助眠冥想

冥想是一种有意识的想象。作为一种放松技术,冥想不仅有助于睡眠。还可以使人的身心平静,增强内心的安宁。例如,在就寝之前可通过冥想增强整体镇静作用来帮助减少失眠和睡眠障碍。

一、助眠冥想步骤

(1)晚上睡觉时间不要太晚,20:00左右比较好,最好不超过23:00。当躺在床上后,有意识地告诉自己,现在是睡觉时间,没有什么事情比现在睡觉更重要。

(2)找到一个安静的区域,消除房间中所有干扰物,包括手机。坐下或躺下,选择最舒适的方式。专注于呼吸,吸气并拉紧身体;暂停,放松并呼气,做10次,重复5遍。冥想时,专注于呼吸和身体。如果身体部位感到紧绷,请自觉放松。当有想法时,慢慢地将注意力转移到呼吸上。在尝试冥想睡眠时,请耐心等待。从睡前冥想3~5min开始,随着时间的流逝,慢慢将时间增加到15~20min。学习如何使自己安静下来需要时间。

二、助眠冥想的好处

冥想可以改善睡眠,如果定期进行冥想,还可以达到改善心情、缓解压力、减轻焦虑、增进认知、改善疼痛反应、控制高血压、改善心脏健康和减轻身体炎症等效果。

1. 课堂收获

结合本模块内容,我学到了什么?

2. 反思感悟

结合本模块学习,反思我的问题是什么?我应该怎么做?

模块9
减脂增肌训练

经过一个暑假,青青同学回到学校时,大家都快不认识她了。她瘦了很多,看上去精神状态非常好。同学们都问她是如何做到的。青青告诉大家,她参加了减脂增肌的专业课程,老师通过饮食和训练的调整,帮助她减少脂肪,塑造曲线。对此,你要不要试试?

不盲目轻信,树立正确的健康观,养成健康自律的生活习惯和饮食习惯,同时以克己自律的态度对待训练,在健康第一的基础上,保持合理体重,做到合理膳食、科学运动、平衡心态,养成健康科学的生活方式。

单元9.1 减脂增肌的意义和内容

1. 了解减脂增肌的意义。
2. 掌握减脂增肌训练的动作及要领。

重点:减脂增肌训练动作。

难点:根据自身形体条件进行减脂增肌训练。

单元知识

一、减脂增肌训练的意义

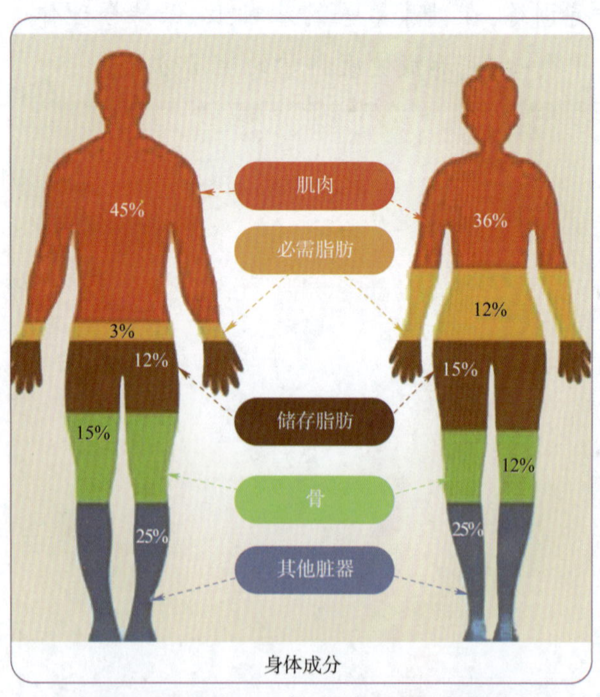

身体成分

在塑形过程中,人们常常抱着满腔热情,发誓下次一定要把脂肪减下去,然后以最快的速度成功塑形,但事实总是事与愿违,即使体重秤数值在下降,但每次照镜子却发现自己的身材仍是不尽如人意。要想获得一个好的身材就要从减脂增肌说起。

(1)减脂的目的是减少身体过多的脂肪,体脂率降低了,身体的肌肉刻度和线条更明显,身材就会更好看。

(2)增肌的目的是增加肌肉量,肌肉量越高,意味着基础代谢越高,消耗的热量就越高,就越利于减脂。

(3)强健心肺功能,有氧运动促进心肌的收缩和舒张,有助于锻炼心肌,增强心脏的供氧和供血,从而提高心肺的耐力。

(4)调节情绪,改善一个人的心理压力。提高免疫力,增强体质。因为,身体是革命的本钱,有了强壮的身体,就有足够的资本去挑战自己,实现梦想。

对于热爱健身和生活的人来说,当一个人离减脂增肌的目标越近时,就会更加注意身体和精神的健康,明白健身不仅可以改变身材,还可以改变生活方式和生活态度。

二、减脂增肌训练系统

(一)减脂原理

减脂的原理是异化作用,即分解代谢和能量的负平衡训练。它的操作方法是长时间持续性的耐力性训练,较高的训练频率,中低训练强度,同时配合饮食的控制。减脂的生理适应往往是经济性的发展,皮质醇水平增加,以影响慢肌纤维为主,抑制肌肉的增长。

(二)增肌原理

增肌的生理学原理是同化作用,即合成代谢训练和能量的正平衡训练。它的操作方法是高强度抗阻训练,劳逸结合,中等训练频率,同时配合饮食,增加蛋白质和糖的摄入量。增肌的生理适应往往是压力性适应,睾酮水平增加,促合成代谢,发展快纤维,变得更强壮。

三、减脂增肌形体训练综合治理

减脂增肌形体训练综合治理饮食营养系统,

通过减脂增肌形体训练,改善肌肉内生化环境,消除或减轻了体内增肥因素,所以其反弹是各种减肥方法中最少、最慢的。

四、减脂增肌的饮食要求

(一)减脂饮食建议

(1)每日碳水化合物摄入量最低为50~100g(相当于一碗饭),也可用粗粮代替精米面。

(2)每日摄入适量的蔬菜类、谷物类、豆类、海藻类等食物,富含膳食纤维,使人有饱腹感。

(3)每天摄取优质蛋白质,多吃瘦肉,可选择鱼、鸡胸肉(去皮)等;多喝牛奶,尽量选择脱脂或低脂乳制品。

(4)尽可能多地食用低脂肪食物,用煮和蒸来代替油炸。

(5)注意油炸食品、饼干、蛋糕食物中的反式脂肪酸。

(6)摄取充足的水分。

(二)增肌饮食建议

(1)碳水化合物补充。优先选择营养密度高的碳水化合物食物进行补充,如大米、马铃薯、大麦、燕麦、紫薯红薯等。

(2)蛋白质补充。训练后应尽早摄入优质蛋白质,以提供建造和修复肌肉组织所需的氨基酸。例如,奶类、鸡胸、鸡蛋、鱼、虾、蛋白粉等。

(3)脂肪补充。通常建议脂肪摄入量为总能量摄入的20%~35%。

(4)体液补充。训练后的体液补充主要与水、钠的消耗量有关,建议按照训练后体重损失量的125%~150%补充。

(5)补充微量营养素(如铁、维生素D、钙等)。

(6)训练后可随即补充能量,60~90min补充一次正餐。

(7)每一餐的食物合理分配碳水化合物、脂肪和蛋白质等。

单元任务

活动任务:根据减脂增肌的饮食要求,制定自己训练日一天食谱。

活动要求:

(1)制定训练日一天食谱。

(2)讲解出制定理由。

单元 9.2　减脂增肌之胸部肌肉训练

学习目标

1. 掌握胸部肌肉训练要领。
2. 掌握胸部肌肉训练动作。

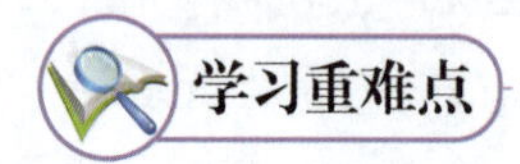

学习重难点

重点：胸部肌肉训练动作。

难点：根据自身形体条件进行胸部肌肉训练。

单元知识

一、胸部肌肉训练要领

加强上胸部肌肉的训练，能够快速地提升胸部力量。胸部力量、肩臂力量、背部力量组成上肢力量。上肢力量对于一个人的基本体能是非常重要的，所以，训练时要多注重各部位均衡训练。

先热身，激活胸部肌群，这样更容易找到训练的感觉。训练时，需要针对整个胸肌训练，包括胸大肌、胸小肌、前锯肌等，不能只进行卧推，还需要加入飞鸟、夹胸之类的动作。

在健身增肌期间，需要注意保持低脂肪、高蛋白饮食，只有坚持健身餐饮食，才能在训练的同时避免脂肪的堆积。在训练的前后可以适当补充一些高蛋白和碳水化合物，有助于肌肉吸收营养，这个时候脂肪堆积效率也是最低的。

二、胸部肌肉训练动作

胸部肌肉训练动作见表 9-1。

胸部肌肉训练动作　　表 9-1

准备姿势	训练动作	图示	资源
两腿并拢，两手背后搭手	两腿放松并弯曲，两肩下沉，含胸；两腿站直，挺胸，两肩外展	图1　图2	胸部肌肉训练

续上表

准备姿势	训练动作	图示	资源
平卧在垫子上，两手持哑铃平行于肩，将哑铃置于两肩外侧接近于两乳的平行线上，背部和臀部触及地面，使躯干呈“桥形”	仰卧推举： 两手持哑铃向上方推举，哑铃慢慢下落。 重复动作至推荐次数	图1 图2	仰卧推举
平躺，两手持哑铃，手臂向两侧展开	仰卧飞鸟： 两手掌心朝上，微微自然弯曲，上抬至胸部上方，两手慢慢还原。 该动作主要锻炼胸大肌外侧和胸肌中缝	图1 图2	仰卧飞鸟
两手持哑铃，身体直立。两臂在身体两侧自然下垂，掌心相对	站立侧平举： 保持手臂伸直，肘部微曲，将哑铃向身体两侧平举，同时呼气。上举的过程中略微旋转手腕，直至手臂与地面平行。在平行位稍微停留，肩部有收缩感，然后慢慢将哑铃放回起始位置。 重复动作 15～25 次	图1 图2	站立侧平举

单元任务

活动任务：胸部肌肉拉伸动作。

活动要求：

（1）两人一组，第一人两腿打开二手位，两手搭把杆，第二人两手搭放在第一人的背部，轻颤帮助对方压肩。

（2）要求动作轻缓，第一人的上身主动振动。

（3）一拍一次，做 4 个 8 拍。

（4）交替练习。

单元 9.3　减脂增肌之腹部肌肉训练

学习目标

1. 掌握腹部肌肉训练要领。
2. 掌握腹部肌肉训练动作。

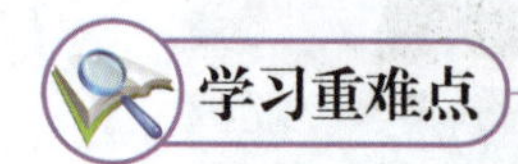

学习重难点

重点:腹部肌肉训练动作。

难点:根据自身形体条件进行腹部肌肉训练。

单元知识

一、腹部肌肉训练要领

在进行腹部肌肉训练之前,需要进行热身运动,以激活腹部肌肉。热身动作很多,如高抬腿、开合跳等。这些热身动作都可以很好地激活腹部肌肉,帮助锻炼者在腹部肌肉训练时得到更好的效果。

二、腹部肌肉训练动作

(一)上腹部训练

上腹部训练见表 9-2。

上腹部训练　　表 9-2

准备姿势	训练动作	图示
仰卧,屈膝,两腿并拢,两手扶头,两肘展开	(1)上身抬起 45°~60°,腹肌收缩,两肘始终保持外展与头水平,腰部始终不离开地面。 20 次/组,做 2 组 (2)上身抬起 45°~60°,起身一次,还原。 (3)上身抬起连续起两次,还原。 15 次/组,做 2 组	图1　图2

(二)下腹部训练

下腹部训练见表 9-3。

下腹部训练 表 9-3

准备姿势	训练动作	图示
仰卧，两腿伸直并拢，两手扶头	屈膝，小腿抬起与地面平行，大小腿成90°夹角，右腿蹬出伸直，左腿不动，两腿交替，呈蹬自行车状。下腹部收缩，腿部不落地。 30～50 次/组，做 2 组	图1 图2
仰卧，两手扶头。两腿弯曲上抬，大腿与小腿成 90°夹角，大腿垂直于地面	腿部保持不动，起上身至 45°一次，还原；再连续起上身 2 次，还原。两手臂展开，颈部不用力	图1 图2

（三）腹部拉伸放松训练

腹部拉伸放松训练见表 9-4。

腹部拉伸放松训练 表 9-4

准备姿势	训练动作	图示
俯卧，两手支撑在地面上，上身抬起	上身慢慢抬起，头部吐气后仰，拉伸腹部	图1 图2

单元任务

设计一组增强腹部肌肉的动作，并每天完成 1～2 组。

训练动作：____

____

____

____

____

____

____

____

____

____

____

单元9.4 减脂增肌之腰背部肌肉训练

学习目标

1. 掌握腰背部肌肉训练要领。
2. 掌握腰背部肌肉训练动作。

学习重难点

重点:腰背部肌肉训练动作。

难点:根据自身形体条件进行腰背部肌肉训练。

单元知识

一、腰背部肌肉训练要领

要想自起点到嵌入点充分发展腰背部肌肉,全程动作是必须的。在起点和终点,使得腰背部保持紧张的同时伸展,在中点(顶点)挤压,以确保正确完成拉力动作。在腰背部肌肉训练时,总是保持挺胸,不要放松身体,要养成在锻炼后拉伸肌肉的习惯,腰背部肌肉在训练前一定要做好热身运动(如做一下俯身肩伸展或水平外展),让腰背部肌肉提前进入肌肉运动的训练状态,从而有助于后续腰背部肌肉训练的开展。

二、腰背部肌肉训练动作

腰背部肌肉训练动作见表9-5。

腰背部肌肉训练动作　　表9-5

准备姿势	训练动作	图示
两人一组,一人俯卧于地面,两手扶头或放于腰背部,两腿伸直;另一人跪坐,两手压住对方两脚	背肌: 上身尽量向上抬起,慢慢还原到俯卧; 20~30次/组,交换训练	图1 图2

续上表

准备姿势	训练动作	图示
侧卧，身体保持一条直线，下边手伸直，手心朝下，扶地	侧腰： 起侧腰，上边手找小腿外侧，还原。反面动作相同； 一面20次/组，反面动作相同	图1 图2
两手跪撑成板凳状	背部放松： 背部向上弓起，收腹，同时骨盆向前倾，保持2个8拍； 背部向下压，塌腰提臀，抬头，头部与脊柱成一条直线	图1 图2
站立，两腿打开	背部拉伸： 两手带领身体向前下腰，两手尽力向下找地面，两膝伸直，身体尽量找腿部	图1 图2

单元任务

活动任务：根据所给训练动作特点，设计一种腰背部肌肉训练动作。

活动要求：

(1)以组为单位完成活动任务，推选讲解员和展示员进行讲解和展示。

(2)动作设计合理，达到腰背部肌肉训练的目的。

单元9.5　减脂增肌之臀部肌肉训练

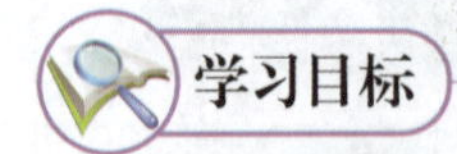

1. 掌握臀部肌肉训练要领。
2. 掌握臀部肌肉训练动作。

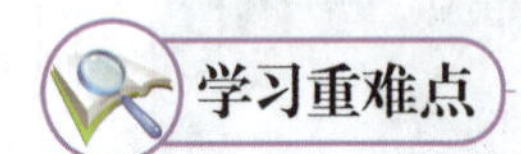

重点:臀部肌肉训练动作。
难点:根据自身形体条件进行臀部肌肉训练。

一、臀部肌肉训练要领

在训练之前,需要有效地激活臀部肌肉,让目标肌肉变得相对兴奋,从而在正式训练过程中更好地去感受目标肌肉的发力。根据个人能力,选择适合的负重方式来提高效率。在训练的过程中,合理的饮食同样非常重要,既要限制总体热量的摄入来让自己保持较低的体脂率,又要保证蛋白质的摄入,为肌肉生长创造有利条件。

二、臀部肌肉训练动作

1. 臀部训练(表9-6)

臀部训练　　表9-6

准备姿势	训练动作	图示
跪撑,身体呈板凳状,目视前方,右腿伸直,脚掌点地	弯腿找臀部一次,直腿上抬一次,抬起尽量超过臀部。 15~20次/组。反面动作相同,组数相同	图1　图2
俯卧,肘关节支撑,目视前方,两腿并拢	直腿右脚勾脚尖,直腿勾脚尖上抬腿连续3个一停,上抬高度超过臀围线。 15~20次/组。反面动作相同,组数相同	图1　图2

2. 髋部训练(表 9-7)

髋部训练 表 9-7

准备姿势	训练动作	图示
坐立,两腿弯曲,脚心相对	1~8 拍:两手扶膝下压。 重复 4 个 8 拍。 两手带领上身向前推出至最远方向,保持不动 4 个 8 拍	图1 图2
坐立,上身挺直,两腿伸直打到最开位置,两腿不内扣	两手带领上身向前推出至最远方向,还原,向前振动 4 个 8 拍。 髋关节保持不动,上身向右侧找右脚 2 个 8 拍,另一侧 2 个 8 拍	图1 图2 图3 图4

单元任务

活动任务:小组完成对跨训练。

活动要求:

两两相对而坐,两腿打开,一个小组叠加在一起,尽量向里贴靠,哪组距离越短,哪组获胜。

单元 9.6　减脂增肌之手臂肌肉训练

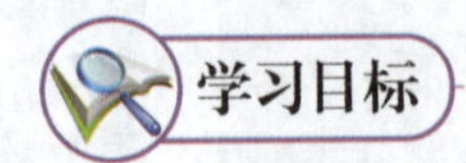

学习目标

1. 掌握手臂肌肉训练要领。
2. 掌握手臂肌肉训练动作。

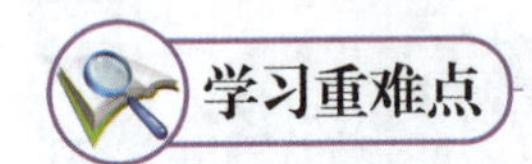

学习重难点

重点:手臂肌肉训练动作。

难点:根据自身形体条件进行手臂肌肉训练。

单元知识

一、手臂肌肉训练要领

无论是想要突破臂围的男士,还是要进行手臂塑形从而消灭拜拜肉的女士,都要针对大臂肌群再结合自己的手臂肌肉特点以及锻炼目的来具体安排训练动作。需要注意的是,不管自己是否喜欢,都要本着让手臂肌群协调发展的原则去训练,而不是只练自己喜欢的动作或者是训练部位。

二、手臂肌肉训练动作

手臂肌肉训练动作见表 9-8。

手臂肌肉训练动作　　表 9-8

准备姿势	训练动作	图示
两腿分开直立,两手各握一个哑铃垂直于身体两侧至手臂长度	1~2 拍:吸气,右手向上伸直,左手屈臂左肩前方。 3~4 拍:呼气,右手缓慢放下,左手弯举。左右手交替完成。 5~8 拍:重复 1~4 拍动作。 4 个 8 拍为一组	图1　图2
	1~8 拍:两手头顶握住哑铃至腰间,肘关节夹紧。 1~4 拍:两手向后伸直。 5~8 拍:大臂保持不动,小臂弯曲还原。 4 个 8 拍一组。 两臂后侧有酸痛感	图1　图2

续上表

准备姿势	训练动作	图示
两腿分开直立，两手各握一个哑铃垂直于身体两侧至手臂长度	右手手臂向前伸直，手心向上，左手压住右手手指，前臂肌肉拉伸。 换手，动作与右侧手臂肌肉训练相同	图1 图2
	两腿开立，背部挺直。 第1个8拍： 1～4拍：右手臂伸直到耳旁； 5～8拍：右手臂弯曲，置于头部后侧。 第2个8拍： 1～4拍：左手臂从下方置于身体后侧； 5～8拍：左手拉紧右手，拉伸。 第3个8拍： 1～8拍：两手打开7手位还原。 反方向，动作与右侧手臂肌肉训练相同	图1 图2

单元任务

活动任务：设计手臂肌肉训练动作并说明训练位置及动作要领。

活动要求：

(1)一人讲解，小组展示。

(2)训练安全、有效，讲解清晰。

单元 9.7　减脂增肌之腿部肌肉训练

1. 掌握腿部肌肉训练要领。
2. 掌握腿部肌肉训练动作。

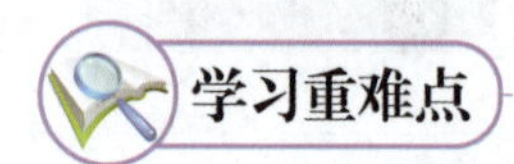

重点:腿部肌肉训练动作。
难点:根据自身形体条件进行腿部肌肉训练。

一、腿部肌肉训练要领

腿部肌肉训练主要是大腿肌肉的练习。大腿肌肉主要包括前面的股四头肌肌群、内侧的内侧肌群和后侧的后侧肌群。练习股四头肌前侧肌群主要采用直腿抬高训练,可以躺在床上将腿伸直再抬高,反复地练习。如果条件可以,可以在腿上再绑一个沙袋增加腿的力量,就更能够锻炼股四头肌的力量。

二、腿部肌肉训练动作

1. 大腿前侧训练(表 9-9)

大腿前侧训练　表 9-9

准备姿势	训练动作	图示	资源
两手叉腰,两腿并拢,上身挺直,保持平稳	右腿直腿抬腿 1 次,左腿吸腿抬腿 2 次。 15 次/组,反面动作相同	图1　图2	大腿前侧训练动作1
	右腿撤步,弓步弯腿,膝盖不落地,还原并腿,右腿旁吸腿,2 次为一组。 10 ~ 15 次/组,反面动作相同	图1　图2	大腿前侧训练动作2

2. 大腿后侧训练(表 9-10)

大腿后侧训练 表 9-10

准备姿势	训练动作	图示	资源
跪撑在垫上,手臂和腿部垂直于地面,呈板凳状	抬起右腿,与臀部平行,弯小腿,大腿不动,尽可能使脚跟踢到臀部。 25 次/组,反面动作相同	 图1  图2	大腿后侧训练动作1
侧卧,肘关节支撑,身体保持一条直线	屈腿向后找臀部一次,连续找臀部 2 次。 15 ~ 20 次/组,反面动作相同	 图1  图2	大腿后侧训练动作2

3. 大腿内侧训练(表 9-11)

大腿内侧训练 表 9-11

准备姿势	训练动作	图示	资源
侧卧,立腰,身体保持一条直线	弯右腿于左腿前侧点地,左腿直腿连续上抬 3 次。 15 ~ 20 次/组,反面动作相同	 图1  图2	大腿内侧训练动作1

续上表

准备姿势	训练动作	图示	资源
坐卧，两手肘关节后支撑，两腿吸腿脚尖点地	两腿伸直打开，两腿伸直到最开位置，还原	 图1  图2	大腿内侧训练动作2

4. **大腿外侧训练**（表9-12）

大腿外侧训练　表9-12

准备姿势	训练动作	图示	资源
侧躺在垫上，右手体前支撑，右腿吸腿，脚尖点在膝关节旁	弯腿上抬一次，直腿上抬1次。 15～20次/组，反面动作相同	 图1  图2	大腿外侧训练动作1
站姿，两手叉腰，身体正直。	旁抬腿45°～60°，外点地再抬腿，还原。 15次/组，反面动作相同	 图1 　图2	大腿外侧训练动作2

5. **小腿训练**（表9-13）

小腿训练　表9-13

准备姿势	训练动作	图示	资源
两腿并拢，两手叉腰	立半脚尖，还原，连续立半脚尖两下为1次。 15次/组，反面动作相同	 图1 　图2	小腿训练动作1

续上表

准备姿势	训练动作	图示	资源
两腿开立，与胯同宽，两手叉腰，身体直立	立半脚尖，落地还原，两脚跟往里并拢，同时立半脚尖，落地还原。 脚跟并拢，开立，脚掌固定不动	图1 图2	小腿训练动作2
两腿并拢，两手叉腰	拉伸放松。 右脚向后撤步弓步，右脚脚趾间正对前方，腿部后侧有拉伸感。 反面动作相同	图1 图2	

单元任务

活动任务：两两一组，完成腿部肌肉训练。

活动要求：

训练者两腿并拢，坐立于地面，上身向前，两手往远找脚尖。辅助训练者两手扶于训练者背部，向前下方施压。

4 个 8 拍后停，保持 4 个 8 拍。

模块拓展

省时塑形小妙招

1. 放慢进食速度

研究表明，放慢进餐速度和增加咀嚼数次，会降低进餐量、增加餐后满足感。如果你吃得太快，经常会因为来不及感受到饱腹信号而多吃，所以总有一种没吃饱的感觉，但是在吃完东西后会慢慢感受到吃撑了。

2. 餐前吃少量食物

餐前吃一个水果可以提前增加胃的饱腹感，减少进食量，或者餐前吃一小把原味坚果，其中富含的健康脂可以刺激胆囊收缩素的分泌，胆囊收缩素可以帮助降低食欲、调控食物的摄入量。坚果一般含有较多的多不饱和脂肪酸，能够补充日常的食用油中多不饱和脂肪酸不是的缺陷，但是坚果的热量较高,建议每天控制在15g左右比较好。

3. 保持合理的进餐顺序

合理的进餐顺序:先吃液体的食物,再吃固体的食物;先吃低热量的食物,再吃高量热的食物。这可以在控制量能的情况下,获得更强的饱腹感。比如,吃饭前先喝汤再吃一碗少油蔬菜,接下来吃富含蛋白质的食物,最后吃主食,吃到八分饱即可。这样的进餐顺序不仅可以延缓血糖升高,不容易长脂肪,还可以延长腹饱时长。

4. 保证膳食纤维的摄入

研究表明,膳食纤维容易产生饱足感,并且可以减慢胃的排空时间,从而保持更久的饱腹感。富含膳食纤维的食物包括蔬菜、全谷物、杂豆类等。例如,主食是红豆糙米饭,以及每天保证至少500g的蔬菜摄入。

5. 保证蛋白质的摄入

高蛋白食物比富含碳水化合物或脂肪的食物让人感觉更饱,从而帮助抑制食欲。富含蛋白质的食物包括鱼、肉、蛋、禽、虾以及豆制品等。

1. 课堂收获

结合本模块内容,我学到了什么?

2. 反思感悟

结合本模块学习,反思我的问题是什么?我应该怎么做?

模块10
芭蕾形体训练与表情仪态训练

胡同学的体重很标准，但他总是觉得自己身形不够挺拔，看着自己不良姿态，他参加了刘老师的芭蕾形体训练，想着自己训练后自信的样子，他满心期待！

依托芭蕾课程引导个体形象气质提升，进行相关艺术知识渗透和艺术补充，增强良好的乐感、舞感和美感，结合基础仪态训练，提高职业形象规范，促进感知力、接受力、审美力、创造力等实际综合能力的培养和专业技能的提高。

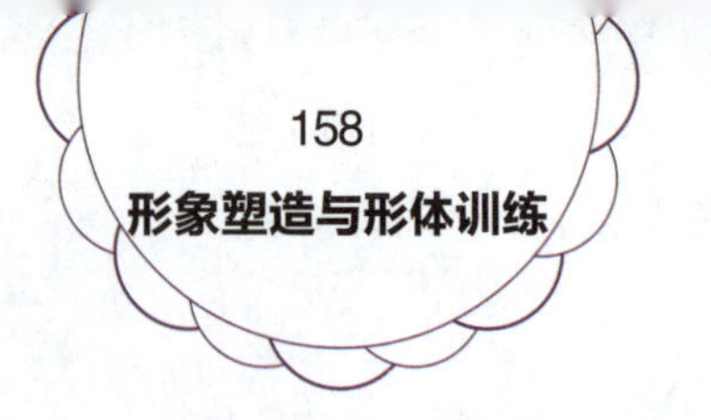

单元 10.1　芭蕾形体训练

学习目标

1. 了解芭蕾形体训练的目的和意义。
2. 掌握芭蕾形体训练动作及要领。

学习重难点

重点：芭蕾形体训练动作。
难点：芭蕾形体训练动作要领。

单元知识

芭蕾是通过把杆、跳跃以及地面练习对臀部肌肉、腿部肌肉、背部肌肉进行收紧，利用下肢线条的延伸来实现上身的坚韧性与挺拔性。本单元导入了开、绷、直、立的舞蹈技术要点，并将此作为形体动作的原则和主要构成要素，通过身体展现芭蕾的内涵和舞者优雅的气质。芭蕾是美的象征，具有强大的感染力，给人一种美的享受，芭蕾的美与力，既能改善气质，也能提高仪态与形体美。本单元主要围绕芭蕾形体训练，重点讲解芭蕾形体训练总述、芭蕾地面训练、芭蕾把上训练、芭蕾把下训练。

一、芭蕾形体训练总述

（一）芭蕾形体训练的意义

芭蕾形体训练能够使身体和心灵高度统一，凝练成肢体语言或艺术形象符号，传递内心思想，表达人的情感信息。

芭蕾形体训练可以塑造优美的形体。正处于生长发育期的青少年，通过芭蕾形体训练纠正了驼背、端肩等形体问题，动作更加协调，体现为站得直，突显形体美。人的身体动作需要身体各部位的配合，音乐和舞蹈动作的配合，使学生更富有节奏感，提高肢体的灵活性和柔韧性。结合音乐的伴奏、舞蹈的动作和姿态表达内心世界，使学生潜移默化地受到艺术熏陶，让他们更热爱生活，并能欣赏美、体验美。通过压腿、下腰、拉伸等动作练习，使身体的柔韧性和动作的灵活性更好，身体素质得到提高。芭蕾形体训练需要一定的体力消耗，促进食欲，增强消化机能，提高抵抗力；磨炼坚强意志，培养不怕吃苦的精神；芭蕾形体训练协调发展身体各部位，能锻炼小脑，促进智力发展，提高耐力和灵敏度。练过芭蕾形体的人和普通人的气质是不同的，训练能够培养学生的气质和自信。在芭蕾形体训练过程中，学生的四肢和躯干得到充分锻炼，培养内在气质和外在动作的表现能力以及培养审美感。

芭蕾形体训练为多种类型舞蹈奠定了基础，是技术和能力的保证，因此，芭蕾形体训练在世界各地极具影响力。

（二）芭蕾形体训练的内容

芭蕾形体训练的主要内容分为地面训练、把

上训练、把下训练和舞姿训练。

1. 地面训练

地面训练是芭蕾形体训练的有机组成部分，是针对初学者而进行的，根据对学生的身体柔韧性、控制能力、高难度动作等方面的掌握情况，给予基础而系统的训练。这部分动作虽然较为简单，但要求严格，须做到最大限度。地面训练的主要目的是提高末梢神经的控制能力，增强灵活性及协调能力。地面训练的主要内容分为勾绷脚、压腿、胯部训练和地面踢腿四个部分。地面训练注意每个人的柔韧性及能力有所差异，遵循由简到繁、循序渐进的原则。

2. 把上训练

把上训练是芭蕾形体训练的基础部分，是能力拓展的基石。把上训练的主要目的是在训练者肌肉能力薄弱、重心不稳的情况下，增强其肌肉的控制能力及重心转换能力，为舞姿训练和良好的体态打下基础。把上训练的主要内容分为把上双手扶把擦地、单手扶把蹲、单手扶把小踢腿、单手扶把画圈、单手扶把单腿蹲、把上小弹腿、控腿画圈、单手扶把大踢腿九部分。注意：这些训练内容要求每个动作做到极致，并时刻保持芭蕾基本的直立感。

3. 把下训练

把下训练是芭蕾形体训练的核心部分。把下训练的主要目的是通过训练，提高腿与脚部的灵活性、敏捷性，提高训练者弹跳能力、旋转能力和肌肉爆发力。把下训练是把上训练的提高、延伸和发展。把下训练以跳为主，充分发挥膝盖的弹性和肌肉的爆发力，为难度更大的技术技巧打下良好的基础。把下训练遵循由易到难、循序渐进的原则，先做把下基础练习，当能力增强，身体素质逐渐适应后，再提高难度，从而达到训练效果。

4. 舞姿训练

芭蕾舞姿是一种人体语言艺术，它通过动作传递一种表演者的情感，具有较强的观赏性，给人一种干净、轻快、和谐的感觉。舞姿训练是芭蕾形体训练的升华部分，通过具有雕塑感的舞姿，训练人体的姿态，从而提升气质、增强审美。舞姿训练主要分为三拍舞步和行礼两个部分。舞姿训练应注意肢体的伸展、表现力和节奏的把控等方面。

（三）芭蕾手位与脚位

1. 手形和手位

（1）手形

芭蕾手形为中指、无名指、小拇指自然靠拢，食指朝手背方向延伸，拇指略微向中指靠拢。

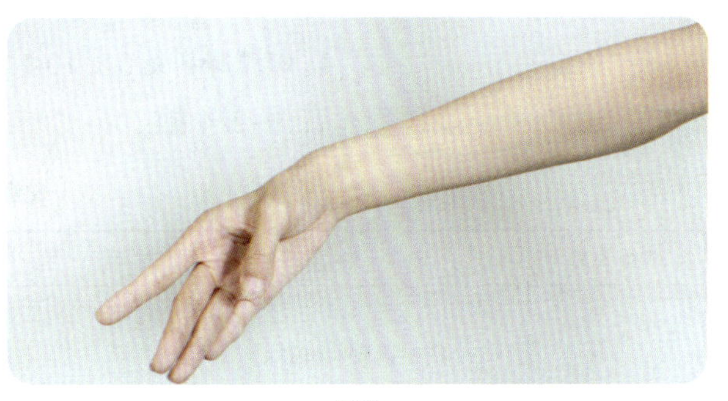

手形

（2）芭蕾手形手位

芭蕾常用手位共分为七个，分别为一位手位、二位手位、三位手位、四位手位、五位手位、六位手位、七位手位。手位要求圆润、自然、有延伸感。

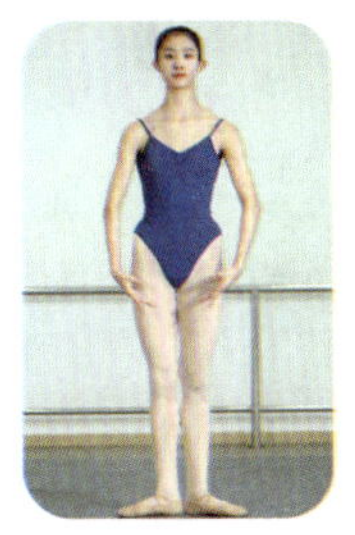

一位手位

二位手位

三位手位

四位手位

五位手位

六位手位

七位手位

2. 脚形和脚位

(1)脚形

两脚外开时全脚着地,脚趾抓紧地面。

(2)脚位

芭蕾常用脚位共分为五个,分别为一位脚位、二位脚位、三位脚位、四位脚位、五位脚位。脚位要求膝盖后伸直,大腿内侧肌肉夹紧。

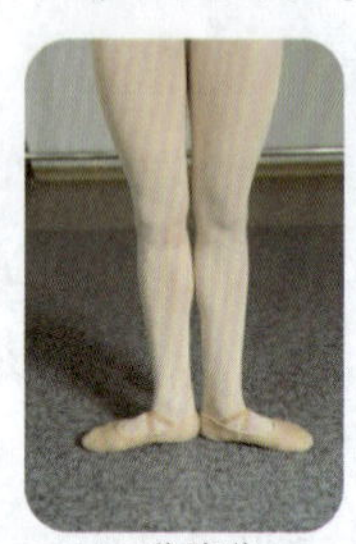
一位脚位

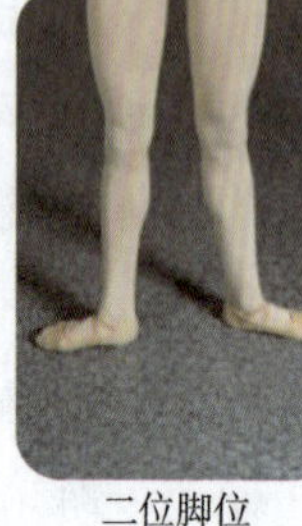
二位脚位

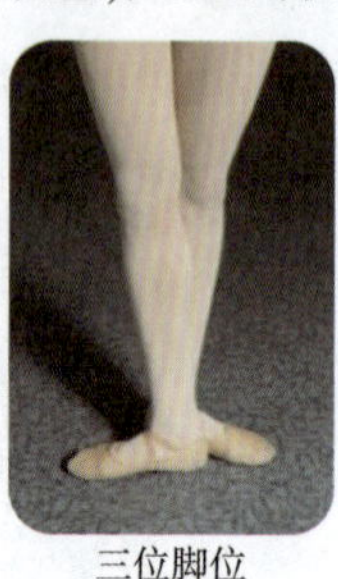
三位脚位

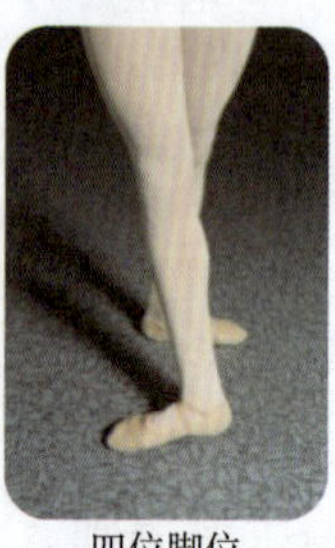
四位脚位

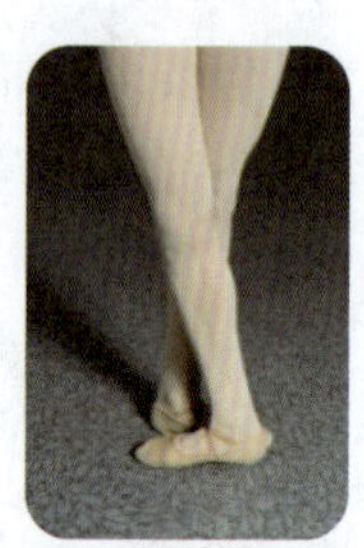
五位脚位

二、芭蕾地面训练

(一)芭蕾地面训练要领

上身保持直立状态,两肩展开并下沉,脖子伸长,两臂在身前两侧延伸,手指尖点地;两腿并拢伸直向前,膝盖紧贴地面,勾脚时脚跟向前延伸,绷脚时脚尖绷直向远延伸;拉伸或抬腿时做到最大限度,循序渐进地练习。

(二)芭蕾地面训练动作

1. 勾绷脚训练(表 10-1)

音乐:2/4 拍。

勾绷脚训练 表 10-1

准备姿势	训练动作	图示
两腿绷直坐于地面,绷脚背,两手放于身体两侧,上身直立	1~4 拍:两脚勾脚趾。 5~8 拍:两脚勾脚掌。 1~4 拍:两脚绷脚掌。 5~8 拍:两脚绷脚趾。 1~2 拍:两脚勾脚趾。 3~4 拍:两脚勾脚掌。 5~6 拍:两脚绷脚掌。 7~8 拍:两脚绷脚趾。 1~8 拍:重复第 3 个 8 拍动作。 1~4 拍:在绷脚基础上,两腿外旋转开,脚背呈八字形。 5~8 拍:在八字脚基础上两脚全勾。 1~4 拍:两脚并拢。 5~8 拍:两脚绷脚背。 1~4 拍:两脚向上勾起。 5~8 拍:两腿外旋转开,脚背呈八字形绷脚,两脚并拢	图1 图2

2. 地面压腿(表 10-2)

音乐:4/4 拍。

地面压腿　　表 10-2

准备姿势	训练动作	图示
左腿向前伸直,右腿屈膝放于身体右后侧,坐于地面,两手放于身体两侧	1~4 拍:身体立直向下压,右腰尽量紧贴左腿大腿。 5~8 拍:还原,动作过程中身体直立,不能出现弯腰、驼背等体态。 1~8 拍:同第 1 个 8 拍动作。 1~8 拍:同第 1 个 8 拍动作。 1~8 拍:同第 1 个 8 拍动作。 1~8 拍:身体立直向下压,保持不动。 1~8 拍:还原至准备动作。 1~8 拍:右腿伸直,紧贴地面画圈至两腿并拢。 1~8 拍:左腿伸直,画圈至左后侧,到位后屈膝。 1~4 拍:身体立直向下压,左腰尽量紧贴右腿大腿。 5~8 拍:还原至准备动作。 1~8 拍:左腿伸直,紧贴地面画圈至两腿并拢	 图1  图2

3. 胯部动作(表 10-3)

音乐:4/4 拍。

胯部动作　　表 10-3

准备姿势	训练动作	图示
两腿伸直并拢,平躺于地面,两脚绷脚背,两手放于身体两侧	1~8 拍:两腿直线抬起,与身体成 90°角。 1~2 拍:两腿迅速分开,两腿成一条直线。 3~4 拍:两腿合拢还原,大腿内侧肌肉加紧。 5~8 拍:同第 2 个 8 拍 1~4 拍动作。 1~8 拍:重复第 1 个 8 拍动作,共做 4 个 8 拍。 1~8 拍:两腿并拢还原至准备动作	 图1  图2

4. 地面踢腿(表 10-4)

音乐:4/4 拍。

地面踢腿　　表 10-4

准备姿势	训练动作	图示
两腿伸直并拢,平躺于地面,两脚绷脚背,两手放于身体两侧	1~4 拍:左腿迅速向上踢,手背朝鼻尖方向,慢慢回到原位,快踢慢落。 5~8 拍:同 1~4 拍动作。 1~8 拍:重复 4 个 8 拍。 1 拍:右腿迅速向上踢。 2 拍:回到原位。 3~8 拍:一拍上一拍下。 1~8 拍:重复 4 个 8 拍。 反面动作相同,但方向相反	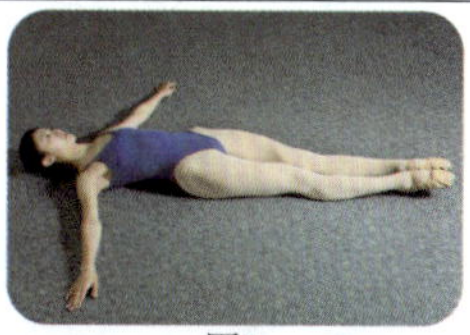 图1 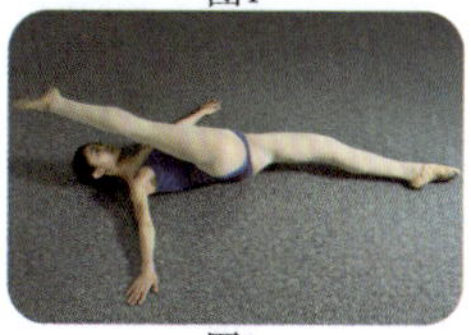 图2

三、芭蕾把上训练

(一)芭蕾把上训练的意义

把上训练是指训练时扶着固定的物体进行的训练。手扶把杆进行身体姿态、身体屈伸绕环、摆动、波浪、平衡动作以及转体和跳跃辅助性等练习,这些训练动作不仅能规范化身体姿态,培养优雅和高贵的气质,而且能有效发展腿部和躯干部位的柔韧性、力量和平衡能力,提高身体的柔韧性、协调性以及稳定性;借助把杆进行慢动作和分解动作练习,能够发展细腻的肌肉感觉,有利于掌握技术细节,建立正确动作概念。

(二)芭蕾把上训练动作

1. 把上双手扶把擦地(表10-5)

音乐:2/4拍。

把上双手扶把擦地　　表10-5

准备姿势	训练动作	图示
一位脚位站立,收腹,沉肩,上身直立,两手轻轻搭放于把杆上	1~4拍:主力腿固定重心后,动力腿脚跟带动,向正前方擦出至脚尖着地。 5~8拍:动力腿脚尖带动,原路线擦回一位脚位。 1~8拍:与前1个8拍动作相同,节奏加快一倍,2拍向前擦出,2拍擦回,重复2遍。 1~4拍:主力腿固定重心后,动力腿脚尖带动,向正后方擦出至脚尖着地。 5~8拍:动力腿脚跟带动,原路线擦回一位脚位。 1~8拍:与第3个8拍动作相同,节奏加快,2拍向前擦出,2拍擦回,重复2遍。 1~4拍:动力腿向旁沿地面擦出至脚趾尖。 5~8拍:与第5个8拍动作相同,节奏加快,2拍向前擦出,2拍擦回,重复2遍。 大反复:转换动力腿和主力腿,反面动作相同,但方向相反	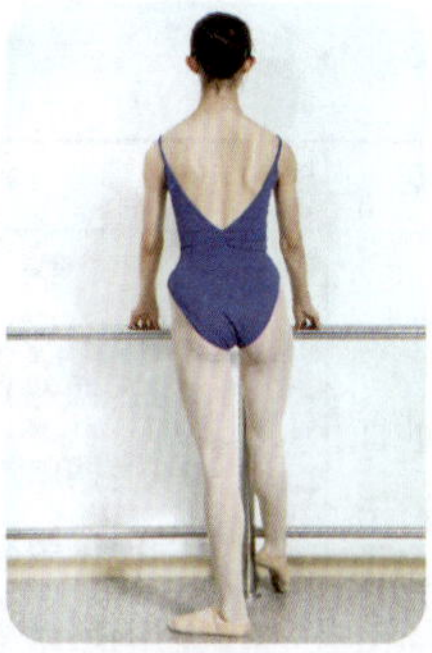 图1  图2  图3

2. 单手扶把蹲(表 10-6)

音乐:3/4 拍。

单手扶把蹲 表 10-6

准备姿势	训练动作	图示
一位脚位站立,收腹、沉肩,上身直立,右手轻轻搭放于把杆上,左手一位手位,准备拍最后两拍打开至七位手位	1~3 拍:一位脚位半蹲,上身保持直立,在膝关节朝旁的基础上两腿逐渐弯曲,停至脚跟不离地的最大限度。 4~6 拍:两腿伸直,回到准备姿态。 1~6 拍:同第一小节动作。 1~6 拍:一位脚位全蹲,在半蹲的基础上继续下蹲至前脚掌着地。 1~6 拍:两腿伸直,最后 1 拍将动力腿向前擦地至四位脚位。 1~6 拍:四位脚位半蹲,同一位脚位半蹲动作。 1~6 拍:四位脚位半蹲,同一位脚位半蹲动作。 1~6 拍:四位脚位全蹲,同一位脚位全半蹲动作。 1~6 拍:两腿伸直,最后 1 拍将动力腿收回至五位脚位。 1~6 拍:五位脚位半蹲,同一位脚位半蹲动作。 1~6 拍:五位脚位半蹲,同一位脚位半蹲动作。 1~6 拍:五位脚位全蹲,同一位脚位全半蹲动作。 1~6 拍:两腿伸直,结束拍收回至一位手位和一位脚位。 反面动作相同,但方向相反	

3. 单手扶把小踢腿(表 10-7)

音乐:2/4 拍。

单手扶把小踢腿 表 10-7

准备姿势	训练动作	图示
左脚在前,五位脚位站立,收腹、沉肩,上身直立,左手七位手位,右手轻轻搭放于把杆上	1~2 拍:右腿经过前擦地上踢,停至脚尖离地面 25°位置。 3~4 拍:直接擦回五位脚位。 5~8 拍:同 1~4 拍动作。 1~8 拍:重复第 1 个 8 拍动作。 1~2 拍:右腿经过前擦地上踢,停至脚尖离地面 25°位。 3~4 拍:第 3 拍脚尖点地后迅速抬起,第 4 拍保持不动。 5~8 拍:右腿脚尖点地,擦回五位脚位。 1~8 拍:重复第 2 个 8 拍点地收回动作。 1~4 拍:右腿经过旁擦地上踢,停至脚尖离地面 25°位置,直接擦回前五位脚位。 5~8 拍:重复一遍旁擦地收回后五位脚位。 1~8 拍:右腿经过旁擦地上踢,停至脚尖离地面 25°位,第 3 拍脚尖点地后迅速抬起,第 4 拍保持不动,第 5 拍右腿脚尖点地,再擦回前五位脚位。 1~8 拍:重复一遍旁擦地收回后五位脚位。 1~4 拍:右腿后小踢腿,经过后擦地上踢,停至脚尖离地面 25°位置,直接擦回后五位脚位。 5~8 拍:重复一遍后小踢腿,擦地收回后五位脚位。 1~8 拍:右腿后小踢,停至脚尖离地面 25°位,第 3 拍脚尖点地后迅速抬起,第 4 拍保持不动,第 5 拍右腿脚尖点地,再擦回后五位脚位。 1~8 拍:重复一遍后小踢腿点地动作,擦地收回后五位脚位。 1~4 拍:右腿旁小踢腿,停至脚尖离地面 25°位置,直接擦回后五位脚位。 5~8 拍:重复一遍旁擦地收回前五位脚位。 1~8 拍:右腿旁小踢腿,停至脚尖离地面 25°位,第 3 拍脚尖点地后迅速抬起,第 4 拍保持不动,第 5 拍右腿脚尖点地,再擦回后五位脚位。 1~8 拍:重复一遍旁擦地收回前五位脚位,结束拍收回至一位手位。 反面动作相同,方向相反	

4. 单手扶把画圈(表 10-8)

音乐:3/4 拍。

单手扶把画圈 表 10-8

准备姿势	训练动作	图示
一位脚位站立,收腹、沉肩,上身直立,右手七位手位,左手轻轻搭放于把杆上	1~3 拍:右脚向前擦地。 4~6 拍:右脚画圈至旁点地。 1~3 拍:擦回至一位脚位。 4~6 拍:一位脚位站立保持不动。 1~3 拍:右脚向后擦地。 4~6 拍:右脚画圈至旁点地。 1~3 拍:擦回至一位脚位。 4~6 拍:一位脚位站立,保持不动。 1~3 拍:右脚向前擦地。 4~6 拍:右脚画圈至旁点地。 1~3 拍:右脚画圈至后点地。 4~6 拍:擦回至一位脚位。 1~3 拍:右脚向前擦地。 4~6 拍:右脚向前抬起,45°控制。 1~3 拍:右脚后点地。 4~6 拍:右脚擦地收回至一位脚位。 1~3 拍:右脚向后擦地。 4~6 拍:右脚画圈至旁点地。 1~3 拍:擦回至一位脚位。 4~6 拍:一位脚位站立,保持不动。 1~3 拍:右脚向前擦地。 4~6 拍:右脚画圈至旁点地。 1~3 拍:擦回至一位脚位。 4~6 拍:一位脚位站立,保持不动。 1~3 拍:右脚向后擦地。 4~6 拍:右脚画圈至旁点地。 1~3 拍:右脚画圈至前点地。 4~6 拍:擦回至一位脚位。 1~3 拍:右脚向后擦地。 4~6 拍:右脚向后抬起,90°控制。 1~3 拍:右脚后点地。 4~6 拍:右脚擦地收回至一位脚位,结束拍右手收回一位手位。 反面动作相同,但方向相反	 图1  图2

5. 单手扶把单腿蹲训练(表 10-9)

音乐:3/4 拍。

单手扶把单腿蹲训练 表 10-9

准备姿势	训练动作	图示
左脚在前,五位脚位站立,收腹、沉肩,上身直立,左手七位手位,右手轻轻搭放于把杆上	1~3 拍:两腿屈膝,右脚脚趾抓地,靠于左脚脚踝前。 4~6 拍:两腿同时伸直,右腿朝前 45°位置伸直。 1~6 拍:同 1~6 拍动作。 1~3 拍:两腿屈膝,同时右脚绷脚,靠于左脚脚踝前。 4~6 拍:两腿同时伸直,右腿朝旁 45°位置伸直。 1~3 拍:两腿屈膝,同时右脚绷脚,靠于左脚脚踝后。 4~6 拍:两腿同时伸直,右腿朝旁 45°位置伸直。 1~3 拍:两腿屈膝,同时右脚绷脚,靠于左脚脚踝后。 4~6 拍:两腿同时伸直,右腿朝后 45°位置伸直。 1~6 拍:重复 4~6 拍动作。 1~3 拍:两腿屈膝,同时右脚绷脚,靠于左脚脚踝后。 4~6 拍:两腿同时伸直,右腿朝旁 45°位置伸直。 1~3 拍:两腿屈膝,同时右脚绷脚,靠于左脚脚踝前。 4~6 拍:两腿同时伸直,右腿朝旁 45°位置伸直。结束拍左手收回至一位手位。 反面动作相同,但方向相反	

6. 把上小弹腿(表 10-10)

音乐:2/4 拍。

把上小弹腿 表 10-10

准备姿势	训练动作	图示
右脚在前,五位脚位站立,收腹、沉肩,上身直立,右手七位手位,左手轻轻搭放于把杆上	1~2 拍:右脚脚背靠于左脚脚踝前,右膝外开。 3~4 拍:右腿向前迅速弹出并且伸直。 5~8 拍:同第 1~4 拍动作。 1~2 拍:右脚脚背靠于左脚脚踝前,右膝外开。 3~4 拍:右腿向旁迅速弹出并且伸直。 5~6 拍:右脚脚背靠于左脚脚踝后,右膝外开。 7~8 拍:右腿向旁迅速弹出并且伸直。 1~2 拍:右脚脚背靠于左脚脚踝后,右膝外开。 3~4 拍:右腿向后迅速弹出并且伸直。 5~8 拍:同第 1~4 拍动作。 1~2 拍:右脚脚背靠于左脚脚踝后,右膝外开。 3~4 拍:右腿向旁迅速弹出并且伸直。 5~8 拍:同第 1~4 拍动作。 1~8 拍:右脚前后打击,1 拍做 1 次,重复做 8 次,重心稳定,小腿灵活,位置准确。 1~8 拍:同第 1 个 8 拍动作。结束拍收回五位脚位和一位手位。 反面动作相同,但方向相反	

7. 控腿画圈(表 10-11)

音乐:4/4 拍。

控腿画圈　　表 10-11

准备姿势	训练动作	图示
左脚在前,五位脚位站立,收腹、沉肩,左手七位手位,右手轻轻搭放于把杆上	1~4 拍:右腿向前擦地。 5~8 拍:右腿向前伸直至抬起 90°控制。 1~4 拍:环动至旁腿 90°控制。 5~8 拍:第 5 拍脚尖点地,第 6~8 拍脚位擦地收回五位脚位,右脚在前。 1~4 拍:右腿向旁擦地。 5~8 拍:右腿向旁伸直抬起至 90°控制。 1~4 拍:环动至后腿 90°控制。 5~8 拍:第 5 拍脚尖点地,第 6~8 拍擦地收回五位脚位,右脚在后。 1~4 拍:右腿向后擦地。 5~8 拍:右腿向后伸直抬起至 90°控制。 1~4 拍:环动至旁腿 90°控制。 5~8 拍:第 5 拍脚尖点地,第 6~8 拍擦地收回五位脚位,右脚在后。 1~4 拍:右腿向旁擦地。 5~8 拍:右腿向旁伸直抬起至 90°控制。 1~4 拍:环动至前腿 90°控制。 5~8 拍:第 5 拍脚尖点地,第 6~8 拍擦地收回五位脚位,右脚在前。 1~4 拍:右腿向前擦地。 5~8 拍:右腿向前伸直抬起至 90°控制。 1~4 拍:环动至旁腿 90°控制。 5~8 拍:环动至后腿 90°控制。 1~4 拍:右腿后点地。 5~8 拍:右腿经过擦地向前抬起至 90°控制。 1~4 拍:左腿立脚跟,顺时针转向反面,右腿保持 90°控制,经过旁腿到后腿。 5~8 拍:第 5 拍脚尖点地,第 6~8 拍擦地收回五位脚位,右脚在后。 反面动作相同,但方向相反	图1 图2

8. 控制(表 10-12)

音乐:4/4 拍。

控制　　表 10-12

准备姿势	训练动作	图示
右脚在前,五位脚位站立,收腹、沉肩,右手七位手位,左手轻轻搭放于把杆上	1~4 拍:左腿直立,右腿屈膝,膝盖打开,脚尖吸到右膝位置(以下简称大吸腿)。 5~8 拍:小腿向前伸直至 90°控制,过程中膝盖外开。 1~4 拍:保持不动。 5~8 拍:第 5 拍脚尖点地,第 6~8 拍擦地收回五位脚位,左脚在前。 1~4 拍:左腿大吸腿。 5~8 拍:小腿向旁伸直至 90°控制,过程中膝盖外开。 1~4 拍:保持不动。 5~8 拍:第 5 拍脚尖点地,第 6~8 拍擦地收回五位脚位,左脚在前。 1~4 拍:向前抬起至 90°控制。 5~8 拍:环动至旁腿 90°控制。 1~4 拍:环动至后腿 90°控制。 5~8 拍:第 5 拍脚尖点地,第 6~8 拍擦地收回五位脚位,右脚在前。 1~4 拍:右腿大吸腿。 5~8 拍:小腿向后伸直至 90°控制,过程中膝盖外开。 1~4 拍:保持不动。 5~8 拍:第 5 拍脚尖点地,第 6~8 拍擦地收回五位脚位,左脚在后。 1~4 拍:右腿大吸腿。 5~8 拍:小腿向旁伸直至 90°控制,过程中膝盖外开。 1~4 拍:保持不动。 5~8 拍:第 5 拍脚尖点地,第 6~8 拍擦地收回五位脚位,左脚在后。 1~4 拍:向后抬起至 90°控制。 5~8 拍:环动至旁腿 90°控制。 1~4 拍:环动至前腿 90°控制。 5~8 拍:第 5 拍脚尖点地,第 6~8 拍擦地收回五位脚位,右脚在前	

9. 单手扶把大踢腿(表10-13)

音乐:2/4拍。

单手扶把大踢腿　　表10-13

准备姿势	训练动作	图示
左脚在前,五位脚位站立,收腹、沉肩,左手七位手位,右手轻轻搭放于把杆上	1~2拍:左腿经过前擦地朝鼻尖方向踢,脚尖点地。 3~4拍:擦地收回五位脚位。 5~8拍:同第1~4拍动作。 1~8拍:同第1~8拍动作。 1~8拍:向旁大踢腿。 1~8拍:同向旁大踢腿动作。 1~8拍:后大踢腿。 1~8拍:同向旁大踢腿动作。结束拍收回至一位手位和五位脚位。 1~8拍:向旁大踢腿。 1~8拍:同向旁大踢腿动作。结束拍收回至一位手位和五位脚位。 反向动作相同,方向相反	 图1  图2  图3

四、芭蕾把下训练

(一)芭蕾把下训练动作要领

芭蕾把下训练是指在双手扶把杆或单手扶把杆的状态下,通过擦地、蹲、小踢腿和控制等的训练,在训练能力、直立、稳定性与中心移动的同时,使人的内心节奏与体态相融合,准确把握形体动作与节奏的配合,展示出完美的形体语言。芭蕾把下训练能够有效锻炼身体各部位的柔韧性、力量和平衡能力,借助把杆进行单一动作练习,使身体肌肉能力在得到提高的同时,也能锻炼开度、柔软度、直立,以及身体各部位协调和移动重心的能力,要求人体和把杆保持适当的距离,身体保持"直立"和规范化,这样才能使动作发挥到最佳状态。

（二）芭蕾把下训练动作

1. 把下小跳（表 10-14）

音乐:2/4 拍。

把下小跳 表 10-14

准备姿势	训练动作	图示
两手一位手位,收腹、沉肩,一位脚位站立,准备拍最后一拍半蹲	1～4 拍:第 1～3 拍两脚快速推地,绷脚向上连续跳 3 次,重拍在下,第 4 拍落地半蹲停住。 5～8 拍:两腿伸直,第 8 拍半蹲。 1～8 拍:同前 1 个 8 拍动作。 1～8 拍:两脚快速推地,绷脚向上连续跳 8 次,重拍在下。 1～8 拍:同前 1 个 8 拍动作,最后一拍落地后两腿伸直	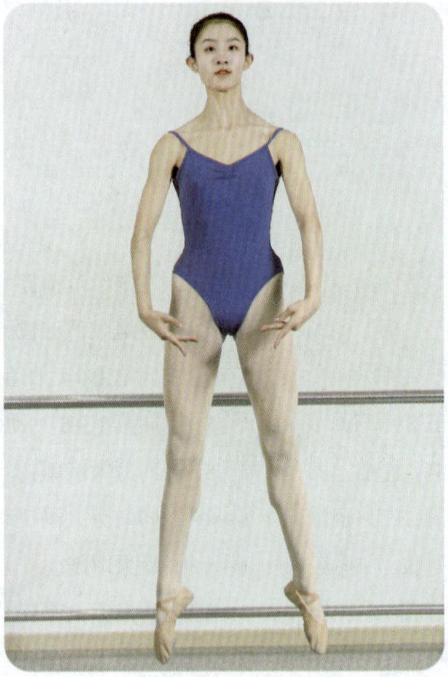

2. 把下中跳（表 10-15）

音乐:3/4 拍。

把下中跳 表 10-15

准备姿势	训练动作	图示
面朝 8 点方向(舞蹈方位以正前方为 1 点,顺时针每旋转 45°增加一点),两手一位手位,收腹、沉肩,五位脚位站立,准备拍最后 1 拍半蹲,两手小七位手位呼吸	1～3 拍:五位脚位并立跳 1 次,空中二位手位,落地变二位脚位蹲,七位手位,方向 1 点。 4～6 拍:二位脚位跳 1 次,落地变五位脚位蹲,一位手位,方向 2 点。 1～3 拍:五位脚位并立跳 1 次,空中二位手位,落地变二位脚位蹲,七位手位,方向 1 点。 4～6 拍:二位脚位跳 1 次,落地变五位脚位蹲,一位手位,方向 8 点。 1～6 拍:同第 1 个 1～6 拍动作。 1～6 拍:同第 2 个 1～6 拍动作	

3. 大跳(表 10-16)

音乐:2/4 拍。

大跳　　表 10-16

准备姿势	训练动作	图示
面朝8点方向,两手打开小七位手位,右脚在前擦地位置,准备拍两手经过二位手位打开至七位手位,两脚单腿蹲后还原至前擦地位置	1~2 拍:第 1 拍右脚上抬至 25°向上跳起,两脚交替至上左脚在前;第 2 拍错步跳。 3~4 拍:第 3 拍左脚经过膝盖朝前的大吸腿,上撩起跳至两腿打开 180°;第 4 拍右脚和左脚依次上步。 5~6 拍:右脚上步至五位脚位并立,两手三位手位。 7~8 拍:下场。 反向动作相同,方向相反	

单元任务

活动任务:根据所给训练动作,配合音乐完成组合。

活动要求:

(1)分为两组,交替展示。

(2)跳跃要有空中停留感。

单元 10.2 表情管理及仪态训练

学习目标

1. 了解表情管理及仪态训练内容。
2. 掌握表情管理及仪态训练动作及规范。

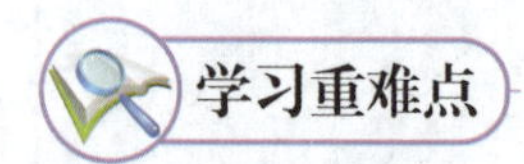

学习重难点

重点：表情管理及仪态训练动作。

难点：表情管理及仪态训练的动作规范要求。

单元知识

一、表情管理训练

表情是人内心的情感在面部、声音或身体姿态上的表现，即人们常说的情动之于心、形之于外、传之于声。微笑，是人与人之间情感的一种表达方式。微笑，是国际通用的，是不分国籍、民族、文化，每个人都能理解的。微笑可以与语言和动作相互配合，起互补作用，微笑不仅表现着人际交往中友善、诚信、谦恭、和谐、融洽等最美好的感情因素，而且反映交往人的自信、涵养与和睦的人际关系及健康的心理素质；不仅能传递和表达友好、和善，而且还能表达歉意、谅解。

（一）常见表情

无论是在生活还是在工作中，表情都非常重要。表情大致可以分为以下三种。

1. 温馨柔和的表情

这种表情就是人们常说的笑不露齿，会给人带来亲切的感受。

温馨柔和的表情

2. 灿烂美好的表情

根据每个人的脸型、嘴型的不同相应地露出 6～8 颗牙齿的笑容，这种表情可以更快地拉近人与人之间的距离。

灿烂美好的表情

3. 严肃认真的表情

这种表情表现为眼神和面部表情比较凝重。当遇到批评、困难或尴尬的事情时，这种表情会给对方带来感同身受的感觉。

严肃认真的表情

（二）眼部训练

通过眼部训练，让眼神更灵活、更有神。

1. 定眼训练

训练要领：眼睛盯着一个目标。

训练方法：

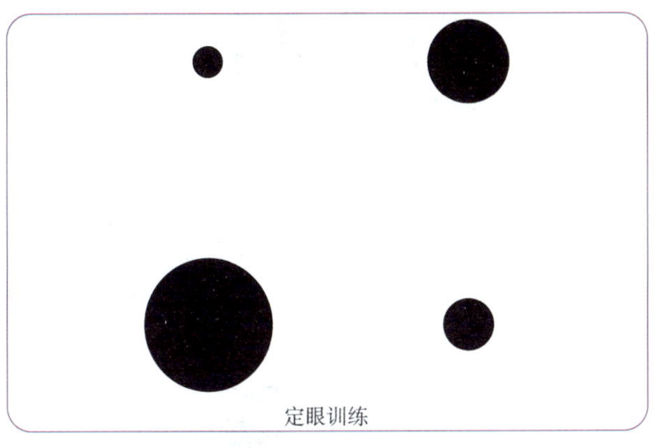

定眼训练

在前方2～3m远的明亮处，选一个点。点的高度与眼睛或眉基本齐平，最好找一个不太显眼的标记。进行定眼训练时，眼睛要自然睁大，两眼正视前方目标上的标记，目光要集中，不然就会散神。通常采用注意力集中凝视法，即在面前画一个定点，让眼睛去看着那个定点，保持5min左右集中注意力，然后可以两眼微闭休息，再猛然睁开眼睛，立刻盯住目标，如此反复进行练习。

训练时间：每天训练10min。

训练效果：更好地强化自己的眼神。

2. 转眼训练

训练要领：保持眼眶的不动或头部的不动，只转动眼球，上、下、左、右来回转动。

训练方法：

（1）眼球由正前方开始，先移到左眼角，再回到正前方，然后再移到右眼角。如此反复练习。

（2）眼球由正前方开始，眼球由左移到右，再由右移到左。反复练习。

（3）眼球由正前方开始，眼球依次转动移到上（不能抬眉），回到前；移到右，回到前；移到下，回到前；移到左，回到前。反复练习。

（4）眼球由正前方开始，由上、右、下、左各做顺、逆时针转动，每个角度都要定住，眼球转的路线要到位。反复练习。

（5）可以睁眼训练，也可以闭眼训练。

二、仪态管理训练

（一）站姿

1. 站姿训练的内容和要求

（1）训练身体重心的位置和重心的调整，使身体正直，中心平衡，重心在身体中轴线上。

（2）训练两脚位置与两脚间的距离，使脚与手的位置及动作和谐一致，使整个身体协调、自然。

（3）训练直颈、挺胸、收腹、立腰、收臀，身体重心上升，使身体挺拔，向上。

（4）训练站立时的面部表情，心情愉悦、精神饱满，给人积极向上的感觉。

（5）训练站立的耐力，能适应较长时间站立工作的需要。

2. 站姿训练的方法

（1）五点靠墙

背墙站立，脚跟、小腿肚、臀部、两肩和后脑勺靠着墙壁，训练整个身体的控制能力。训练时，注意收腹、立腰，两手自然下垂，两膝夹紧。

（2）顶书训练

站立者按训练要领站好后，在头上顶一本书，努力保持书在头上的稳定性，以训练头部的控制能力。这种训练方法可以纠正低头、仰脸、头歪、头晃及左顾右盼的问题。两人一组，训练时背靠背站立，两人的头部、肩部、臀部、小腿、脚跟紧靠，并在两人的肩部、小腿部相靠处各放一张卡片，不能让其滑动或掉下。休息后如能瞬间恢复标准站姿站立，说明姿势已达到标准。

（二）坐姿

1. 坐姿训练的内容和要求

“坐如钟”，即坐相要像钟那样端正稳重。正确的坐姿会给人以文雅稳重、自然大方、优雅高贵的美感。

坐姿

入座时，要做到轻和稳。女士着裙装落座时，可用手轻拢裙摆，男士可轻提裤子。

集体入座时，避免相互妨碍，要从左侧入座与离座。

入座后，无论男士还是女士，都要坐满椅子的2/3；无论选取哪种坐姿，都要保持上身自然挺直，女士时刻注意两膝并拢，男士两膝之间不超过横向一只脚的长度。

2. 标准坐姿

标准坐姿的基本要领：头正，微收下颌、上身自然挺直，两腿自然弯曲，大腿与小腿呈直角，小腿与地面垂直，两臂自然弯曲，两手自然放在腿上，但男士和女士略有不同。

(1)男士标准坐姿

男士入座后，两膝之间略分开，约1~2拳的距离，两脚分开，与两膝之间距离相同，两手分别置于膝盖后方。

(2)女士标准坐姿

女士要时刻保持两膝、两脚并拢，避免走光的情况出现，两手搭放在大腿中部。

3. 常用坐姿

(1)男士常用坐姿——开关式坐姿

在标准坐姿的基础上，一侧小腿向后收一个脚掌的距离，膝盖朝向前方。

男士开关式坐姿

(2)女士常用坐姿——开关式坐姿

在标准坐姿的基础上，一只脚收到另一只脚后，两脚前后在一条直线上，后脚脚跟略提起，两脚脚尖微外开。

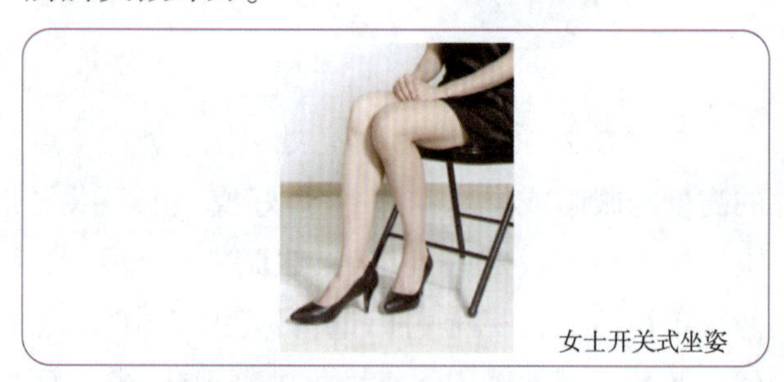
女士开关式坐姿

(三)行姿

行姿的规范要求：上身挺直，头正、目平，收腹、立腰，摆臂自然，步态优美，步伐稳健，动作协调。

行姿

行走时，上身挺直，头部端正，下颏微收，两肩齐平，挺胸、收腹、立腰，两眼平视前方，精神饱满，表情自然。左脚起步时身体向前方微倾，走路要用腰力，身体重心要有意识地落在前脚掌上。行进时，步伐要直，两脚应有节奏地交替踏在虚拟的直线上，脚尖可微微分开。左脚前迈时，微向左前方送胯；右脚前迈时，微向右前方送胯，但送胯不明显。两肩平稳，以肩关节为轴，两臂前后自然协调地摆动，手臂与身体的夹角一般在10°~15°，摆幅以30°~35°为宜。

1. 行姿的步幅

一般步幅与一只脚的长度相近，即前脚的脚跟距后脚的脚尖之间的距离。女士穿高跟鞋后，脚跟提高了，身体重心自然前移，为了保持身体平衡，髋关节、膝关节、踝关节要缓坡，胸部自然挺直，且要收腹、提臀、直腰，使走姿更显挺拔，更有魅力。穿高跟鞋行走，步幅要小，脚跟先着地，两脚脚跟要落在同一条直线上。

2. 行姿的步位

步态美与步位有关。所谓步位，是指行走时脚落地的位置。女士步位踩在一条直线两侧，男士步位踩在两条直线上。如果女士走路，踩着两条平行线走路，就未免有失雅观。

3. 行姿的步速

脚步要干净利索，有鲜明的节奏感，不可拖泥带水，也不可重如马蹄声。一般来说，男士步伐矫健、稳重、刚毅、洒脱，具有阳刚之美，步伐频率约 100 步/min；女士步伐轻盈、柔软、玲珑、贤淑，具有阴柔之美，步伐频率约 90 步/min，如穿裙装或旗袍，步速则快一些，步伐频率可达 110 步/min 左右。

(四)蹲姿

在日常生活中，人们对掉在地上的东西，习惯弯腰或蹲下将其捡起，随意弯腰蹲下捡起的姿势是不恰当的。从仪态美的角度，我们介绍两种正确蹲姿。

1. 高低式蹲姿

要求下蹲时，应左脚在前，右脚靠后。左脚完全着地，右脚脚跟提起，右膝低于左膝，右腿左侧可靠于左小腿内侧，形成左膝高、右膝低的姿势。

臀部向下，上身微前倾，基本上用左腿支撑身体。采用高低式时，女性应并紧两腿，男士则可适度分开。若捡身体左侧的东西，则姿势相反，采用蹲姿时，女士要注意将两腿靠紧。

2. 交叉式蹲姿

交叉式蹲姿通常适用于女士，尤其是穿短裙，其特点是造型优美、典雅，蹲下后两腿交叉在一起。下蹲时，一脚在前，全脚着地在前腿上，一脚在后，后腿在下，二者交叉重叠。

男士高低式蹲姿

女士高低式蹲姿

女士交叉式蹲姿

单元任务

练习坐姿仪态：

纠正自身仪态动作，每天练习站姿15min。

1. 顶书训练

顶书训练

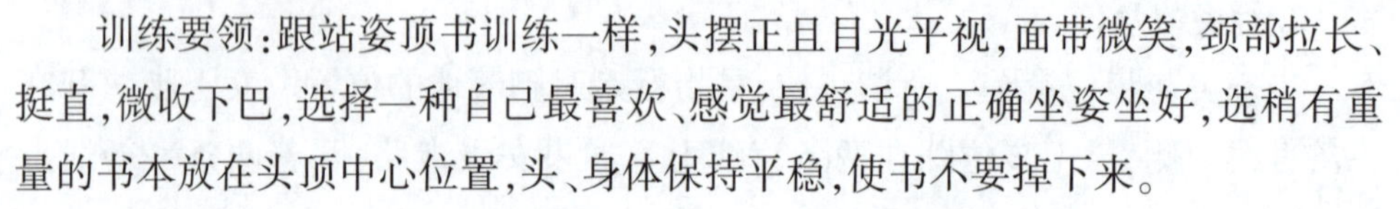

训练要领：跟站姿顶书训练一样，头摆正且目光平视，面带微笑，颈部拉长、挺直，微收下巴，选择一种自己最喜欢、感觉最舒适的正确坐姿坐好，选稍有重量的书本放在头顶中心位置，头、身体保持平稳，使书不要掉下来。

训练时间：每天训练15min。

训练效果：更好地强化自己坐姿，使坐姿更加稳重。

2. 对镜训练

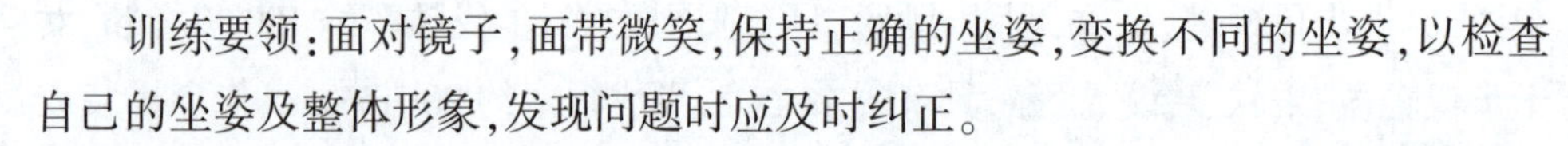

训练要领：面对镜子，面带微笑，保持正确的坐姿，变换不同的坐姿，以检查自己的坐姿及整体形象，发现问题时应及时纠正。

训练时间：每天训练15min。

训练效果：在镜子中找到最美坐姿的自己，找到在公众面前保持最佳坐姿的自己，增加自信。

模块拓展

舞姿操训练

舞姿操训练是利用模特的基本步和协调性训练，以及时尚的舞蹈动作，让训练者进入活动状态，起到热身目的，训练节奏较快。在训练课上，可以使用雨伞、丝巾之类的小道具，使训练活动更加有趣且风格突出。学生从镜子中观察自己优美的线条，并伴着柔美的音乐不断地调整体态，跳出一段神形兼备的体态舞蹈，不仅趣味十足，还有健身功效。

1. 丝巾操

曲目：《云淡风轻》。

节奏：3/4拍。

动作步骤：

(1)两手拿丝巾角，撑开成七位手位。

(2)冲2点位balabce舞步2~4个8拍。

(3)穿手上右腿，向左立半脚尖自转。

(4)正步位，右手正前伸出，左手交叉伸出。

(5)并腿蹲，两手抱回胸前。

(6)两手交替向上。

(7)正步位，两手三位手位。

(8)两手三位手位打开至七位手拉，还原两手交叉胸前结束。

2. 伞操

伞操

曲目:《Lemon Tree》。

节奏:2/4 拍,浪漫抒情。

(1)并腿,两手持伞点地。

(2)右腿旁点地出跨,左腿旁点地出跨,可做 4 个 8 拍。

(3)两手横持伞,出跨,向上横摆,向下横摆,可做 4 个 8 拍。

(4)反面,重复动作 2、动作 3,但方向相反。

(5)上举伞,向前迈步,做 2 个 8 拍向前,2 个 8 拍向后。

(6)垫步两手绕伞点地,造型结束。

1. 课堂收获

结合本模块内容,我学到了什么?

2. 反思感悟

结合本模块学习,反思我的问题是什么?我应该怎么做?

参考文献

[1] 崔诚祚. 无器械瘦身塑形:打造完美曲线的 4 周运动方案[M]. 李欣,任闳煜,译. 北京:中国轻工业出版社,2017.
[2] 中国营养学会. 中国居民膳食指南:2016[M]. 北京:人民卫生出版社,2016.
[3] 田雅莉. 饭店服务礼仪[M]. 北京:高等教育出版社,2016.
[4] 吕艳芝,纪亚飞. 银行服务礼仪标准培训[M]. 北京:中国纺织出版社,2014.
[5] 柯诺. 法式礼仪[M]. 韩书研,译. 武汉:华中科技大学出版社,2020.
[6] 金正昆. 涉外礼仪教程[M]. 3 版. 北京:中国人民大学出版社,2010.
[7] 王静. 选对色彩穿对衣[M]. 桂林:漓江出版社,2010.
[8] 高濑聪子,细川桃. 深度护肤[M]. 张春艳,译. 天津:天津科学技术出版社,2021.
[9] 裘炳毅,高志红. 现代化妆品科学与技术:中[M]. 北京:中国轻工业出版社,2016.
[10] 单侠. 形体训练[M]. 北京:人民交通出版社股份有限公司,2019.

附录1
"1+X"人物化妆造型职业技能等级证书考核大纲中职业素养考核内容

工作领域	工作任务	职业素养要求
1 职业道德与修养	1.1 职业道德	1.1.1 能自觉遵守行业规范和职业守则 1.1.2 能自觉遵守企业规章制度 1.1.3 能严格遵守与顾客的约定
	1.2 职业形象	1.2.1 能保持健康正面的个人职业形象 1.2.2 会使用规范的语言、正面的肢体语言进行职业化交流和沟通
	1.3 职业认同	1.3.1 能正确认知职业和行业 1.3.2 具备自我的职业认同感
2 专业知识与认知	2.1 人体结构、功能	2.1.1 了解人体解剖基础知识 2.1.2 能正确认知人体基本结构、器官与化妆造型之间的关系
	2.2 美学、设计基础	2.2.1 了解美学基础知识 2.2.2 了解设计学基础知识 2.2.3 能正确认知美学、设计学基础知识与人物化妆造型的关系
	2.3 化妆品基础功能	2.3.1 能正确识别、判断化妆品的合法合规性 2.3.2 能识别化妆品功能及效用 2.3.3 能正确使用不同功能的化妆产品
3 职业可持续发展	3.1 职业健康维护	3.1.1 了解人体致病细菌、病毒传染病相关知识 3.1.2 了解化妆造型中工具、设备及用具的卫生消毒知识 3.1.3 能正确清洁、消毒工具、设备、用具，做好服务过程中的个人健康防护 3.1.4 能规范摆放和收纳整理化妆造型工具和产品
	3.2 职业安全维护	3.2.1 了解与职业相关的设备、产品理化安全知识 3.2.2 能正确安全使用设备与化学产品 3.2.3 了解公共场所安全知识
	3.3 职业创新发展	3.3.1 能及时掌握行业新技术和南流发展动态，积极参与各种技术交流、技术培训和继续教育活动 3.3.2 善于总结工作经验，不断提高自我专业技能和创新能力 3.3.3 能在服务操作过程中做到环保和可持续

附录2
世界技能大赛美容项目中美容师职业素养的相关考核内容

考核项目	具体考核内容
工作组织和管理	(1)行业相关健康、安全及卫生管理等法律法规。 (2)设备、仪器的使用范围、目的、方法及安全维护和存放。 (3)严格遵守制造商操作指南使用仪器及产品的重要性。 (4)合理管理与分配时间。 (5)根据健康、安全和卫生要求,准备工作区域。 (6)根据项目需要,准备设备、仪器、工具和材料。 (7)工作区域布置井然有序,物品取用方便。 (8)安全、正确、高效地进行工作区域、顾客和自己的准备工作。 (9)打造具有吸引力的氛围,为顾客带来安全与舒适的享受。 (10)工作全程及结束后保持工作区域干净、卫生和整洁
职业素养	(1)正确的职业价值观及正面积极心态对自身职业发展的重要性。 (2)保持专业的职业形象、良好职业习惯在服务工作中的重要性。 (3)良好的人际交往及灵活的应变能力在服务工作中的重要性。 (4)丰富的专业知识和娴熟的专业技能在提供优质服务中的重要性。 (5)自律与自我管理、服从与团队协助能力在工作中的重要性。 (6)以较强的敬业精神和用心、专注、积极的态度投入工作。 (7)仪容仪表、言谈举止、行为习惯均展现出训练有素的职业形象。 (8)尊重同事及顾客,展现出良好的顾客和同事关系。 (9)以丰富的专业知识和娴熟的专业技能为顾客提供高品质服务。 (10)保持运动及健康的生活方式,拥有健康的体魄
顾客维护	(1)收集、整理和保存顾客相关信息资料的重要性。 (2)服务过程中保持顾客舒适、保护顾客隐私的重要性。 (3)仔细聆听、详细询问以及正确理解顾客愿望的重要性。 (4)不同文化、年龄、期望及爱好的顾客应采取的不同沟通方式。 (5)工作过程注重所有"细节"的重要性。 (6)服务过程、售后服务以及日常关心对维护顾客关系的重要性。 (7)以专业安全的方式为顾客提供专业的服务。 (8)以热情、周到的方式迎送和安顿顾客。 (9)尊重文化差异,维护顾客尊严,以不同方式满足不同顾客需求。 (10)通过询问和观察发现禁忌并采取相应措施。 (11)在沟通中区分顾客的期望和要求,不能满足的不盲目承诺。 (12)为顾客提供服饰搭配、化妆品购买、日常保养建议。 (13)工作过程中与顾客保持积极沟通,以满足其需求。 (14)工作结束后及时询问反馈意见,保证顾客满意离开